人类文明的足迹

饱经风霜的地球

领略大自然的鬼斧神工

编著◎吴波

Geography

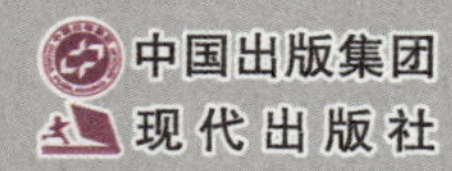

中国出版集团
现代出版社

图书在版编目（CIP）数据

饱经风霜的地球 / 吴波编著 . —北京：现代出版社，2012. 12（2024.12重印）
（人类文明的足迹 · 地理百科）
ISBN 978 - 7 - 5143 - 0940 - 9

Ⅰ. ①饱… Ⅱ. ①吴… Ⅲ. ①地球 - 普及读物 Ⅳ. ①P183 - 49

中国版本图书馆 CIP 数据核字（2012）第 275165 号

饱经风霜的地球

编　　著　吴　波
责任编辑　李　鹏
出版发行　现代出版社
地　　址　北京市朝阳区安外安华里 504 号
邮政编码　100011
电　　话　010 - 64267325　010 - 64245264（兼传真）
网　　址　www. xdcbs. com
电子信箱　xiandai@ cnpitc. com. cn
印　　刷　唐山富达印务有限公司
开　　本　710mm × 1000mm　1/16
印　　张　12
版　　次　2013 年 1 月第 1 版　2024 年 12 月第 4 次印刷
书　　号　ISBN 978 - 7 - 5143 - 0940 - 9
定　　价　57. 00 元

前　言

我国有麻姑看见“东海三为桑田”的传说，虽然是神话传说，但成语沧海桑田所描述的大海变成农田的过程却是真实的。沧海桑田原意是海洋会变为陆地，陆地会变为海洋。这种沧桑之变是地球的一种自然现象。不仅如此，地球上的其他地表形态，如平原、山地、河流、峡谷等等也在发生着变化。之所以会出现沧海变桑田的巨大变化，是因为地球内部的物质总在不停地运动着，因此会促使地壳发生变动，有时上升，有时下降。挨近大陆边缘的海水比较浅，如果地壳上升，海底便会露出，而成为陆地；相反，海边的陆地下沉，便会变为海洋。有时海底发生火山喷发或地震，形成海底高原、山脉、火山，它们如果露出海面，也会成为陆地。如今，我们看到的地表，是几十亿年来地球自身运动变化的结果；我们所欣赏到的雄奇壮丽的山川风貌，是大自然赋予人类最伟大的财富。可是，人类文明对相对平衡的自然环境产生了巨大的影响，全球变暖，冰山融化，海平面上升。沧海桑田这种大自然的规律在人类不合理的作用下，是否会带来灭顶之灾，确实值得我们深思。

目 录

地表变迁的历史

地表的形态

地貌的类型

未来地球的容貌

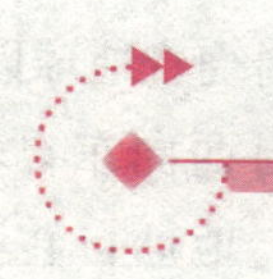

地表变迁的历史

地球形成之初，既没有高山，也没有海洋，它只是一个椭圆形的球体，体积只有现在地球的一半，甚至还要小。地球在几十亿年的发展过程中，由于自身的引力作用，将太空中的尘埃、颗粒、石块、冰块等物质不断地吸附到地球上来；另外，彗星的碎块和小行星不断被地球所吸收，使得地球的体积在逐渐增大。由于地球地壳内部的不断运动，岩浆不断大量喷发，以及地球的造山运动和地质构造的不断变化，逐渐形成了连绵不断的高山和高低不平的山脉，也就导致了地球体积的不断增大。后来由于地球的温度呈逐渐上升的趋势，使得地球上的冰雪不断融化，造成了海洋面积的不断扩大，导致了地球上一系列物质和物体的变化，也导致了地球面积的扩大。同时，在地球内力和外力的共同作用下，地表也在不断地发生变化，各种各样的地表形态此消彼长，经过亿万年的变迁，才有了如今的地表格局。

认识地球

地球是人类居住的星球，它是太阳系中直径、质量和密度最大的类地行星。它与太阳的平均距离为 149597870 千米（1 个天文单位），在行星中排第三位；它的赤道半径为6378.2千米，其大小在行星中列第五位，是一个两极略扁的不规则椭球体。它也经常被称作世界。英语的地球Earth一词来自于古英语及日耳曼语。目前，地球已有44亿～46亿岁，有一颗天然卫星——月球——围绕着地球以30天的周期旋转。地球自西向东自转，同时又围绕太阳公转。地球自转与公转运动的结合使其产生了地球上的昼夜交替和四季变化（地球自转和公转的速度是不均匀的）。

地　球

地球总面积约为5.10072亿平方千米，其中约29.2%（1.4894亿平方千米）是陆地，其余70.8%（3.61132亿平方千米）是水。陆地主要在北半球，有6块大陆，另外还有很多岛屿。大洋则包括太平洋、大西洋、印度洋和北冰洋4个大洋及其附属海域。海岸线共长356000千米。

地球上有6个巨大的陆块——欧亚大陆、非洲大陆、北美洲大陆、南美洲大陆、南极洲大陆和澳大利亚大陆。在这6块大陆的四周还星罗棋布地布满了许多岛屿，大陆和它四周的岛屿合起来称为“洲”。大陆的地貌结构错综复杂、形态各异。与高原、山脉形成强烈对比的是盆地和洼地。地球大陆上还有众多的河流和湖泊。

地质学家研究认为，在太古时代，地球上所有的陆地都是连在一起的，后来因强烈的地壳运动，这块大板块四分五裂，分散漂移而形成了现今的海陆分布。科学家们惊奇地发现：地球上的七大洲大陆就像“七巧板”，可以相当吻合地拼合在一起。其中北美洲和南美

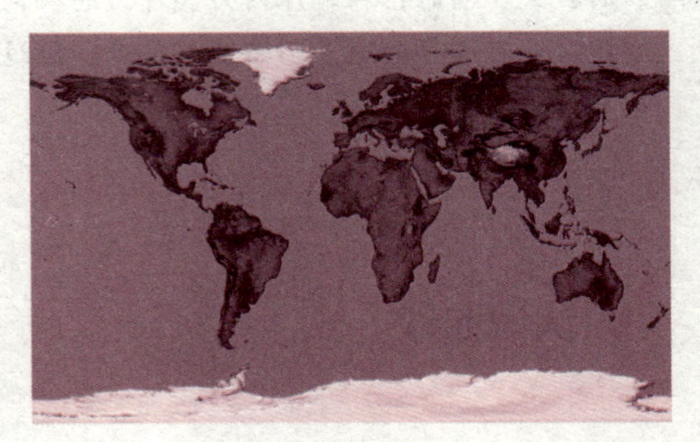

地球海陆分布

洲组成一对，欧洲和非洲组成一对，亚洲和大洋洲组成一对，这3对大陆自西向东排列在一起，构成了原始的大板块，剩下的南极洲正好补在3对大陆在南半球的空缺位置上。后来，这七大板块逐渐发生断裂：亚洲与大洋洲分离，欧洲与非洲分离，美洲大陆和欧非大陆分离，南极大陆也孤零零地越漂越远。直至今日，这些大板块还在悄悄地移动。

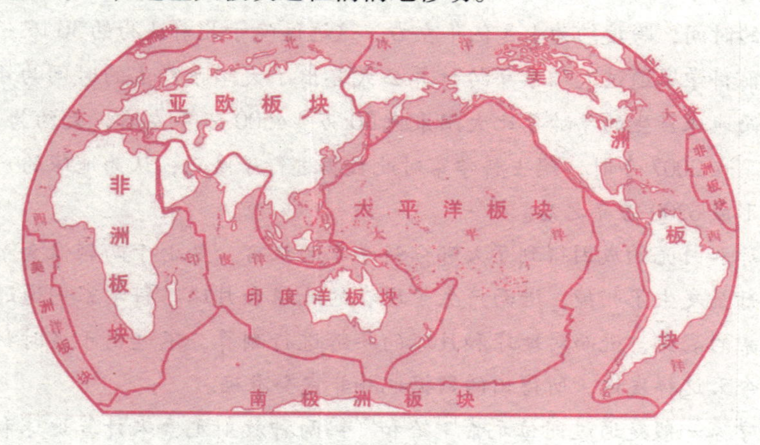

世界板块分布

天文单位

天文单位是一个长度单位，约等于地球跟太阳的平均距离。天文常数之一。天文学中测量距离，特别是测量太阳系内天体之间的距离的基本单位，地球到太阳的平均距离为1个天文单位。1天文单位约等于1.496亿千米。1976年，国际天文学联合会把1天文单位定义为一颗质量可忽略、公转轨道不受干扰而且公转周期为365.2568983日（即1高斯年）的粒子与一个质量相等约一个太阳的物体的距离。当前被接受的天文单位是149597870691 ± 30米（约1.5亿千米或9300万英里）。2012年8月份在北京举行的国际天文学大会上确定了天文学位后，定义值为：149597870700米。

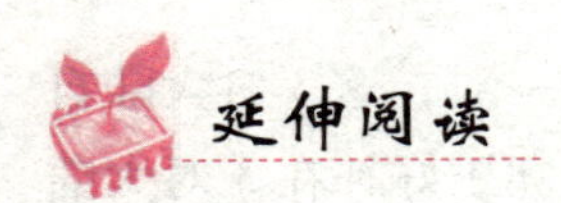

延伸阅读

地球的年龄

目前科学家对地球的年龄再次进行了确认，认为地球产生要远远晚于太阳系产生的时间，跨度约为1.5亿年左右。这远远晚于此前认为的30万~4500万年。此前科学家通过太阳系年龄计算公式算出了太阳系产生的时间为45.68亿年前，而地球产生的年龄要比太阳系晚30万~4500万年左右，大约为45亿年前左右。在2007年时，瑞士科学家对此数据进行了修正，认为地球的产生要在太阳系形成6200万年之后。

地球和月亮的成因得到了大部分科学家的认可，是由于两颗像金星、水星大小的行星发生了相撞，进而产生了现在的地球和月球。科学家们通过测量放射性元素的衰变，进而对地球和月球的年龄进行测算，不过由于当时科学技术并未像今天这样发达，所得出的数据也并非完全准确。

科学家一般是通过同位元素^{182}铪和^{182}钨两种放射元素来计算地球和月球年龄的。^{182}铪的衰变期为900万年，衰变之后的同位素为^{182}钨，而^{182}钨则是地核的组成部分之一。科学家们认为在地球形成时，几乎所有的^{182}铪元素全部已经衰变成了^{182}钨，目前仅有极少量存在。

正是这微量的^{182}铪才能够帮助科学家测算地球的真实年龄。尼尔斯研究所的教授说道："所有的铪完全衰变成钨需要50亿~60亿年的时间，并且都会沉在地核。而新的研究表明，地球和月球上地幔含有的元素量高于太阳系，而经过测算时间大约为1.5亿年。"

地球的起源

在科学不发达的古代，对地球的起源问题，人们要想得到正确的解答是不可能的。他们往往凭着主观猜测给予某些解释，把地球说成是神明创造的。在我国古代，曾流传着盘古开天辟地的神话。说盘古生于天地混沌之中，后来，他用神斧把天地劈成两半，分成上天、下地。所有日、月、星、辰、风、云、田地、草木、金石，都是在他死后由身体各部分变成的。基督教认为是上帝用了6天时间创造了世界万物。这些神话传说只不过是人们对地球起源的美好猜想，无科学根基。

1755年，德国人康德在他的《宇宙发展史概论》一书中，第一个提出了太阳系起源的假说。他认为，所有的天体都是从旋转的星云团产生的；太阳系是由原始弥漫物质——星云所形成的。1796年，法国人拉普拉斯也提出了太阳和行星是从庞大的气体星云中形成的观点。由于他们二人的假说基本观点相同，所以，后来人们把康德和拉普拉斯假说，统称为“星云假说”。康德和拉普拉斯的星云假说，对太阳系中各星体的形成做了详细阐述。他们认为：在宇宙空间，不仅存在着繁多的、闪闪发光的星星，而且还存在着种种浓度不同、成因不一的灼热的旋转气体团——原始星云。这种原始星云就是形成太阳、地球等天体的原始物质。原始星云当初占有比现在太阳系范围还要大的空间。原始星云的质点有的地方比较浓密，有的地方比较稀疏，质点与质点之间相互吸引着，较大较密的质点把周围较小较稀的质点吸引过来，使得原始星云的中心部分变得越来越密。这个中心部分密实而周围稀疏的庞大星云，在缓慢的转动中不断放热、冷却、收缩，因而使转动的速度也相应地不断加快，离心力也愈来愈大。在不断增强的离心力的影响下，星云变成了一个像铁饼形状的扁平体。随着饼状星云体的进一步冷却、收缩和旋转速度的增加，赤道部分不断增大的离心力，使饼状星云边缘部分的物质脱离星云体而形成一个类似土星那样的环。星云继续冷却，里面部分便继续收缩，这种分离过程一次又一次地重演，就形成了第二个环、第三个环，直至与行星数目相等的环。每一个环都大致处在现在某一个行星的轨道上，中心部分就收缩成为太阳。各个环以同一的方向环绕着太阳旋转。各个环内的物质分布也是不均匀的，它们有稀有密。较密的部分把较稀的部分吸引过去，逐渐形成了一些集

漫画《盘古开天辟地》

结物。由于互相吸引，小集结物又合成了大集结物，最后就形成了地球等行星。刚形成不久的行星还是炽热的气体物质，因冷却、收缩，自转速度增加，又可能分出一些环来，这些环后来就凝聚成了卫星。像地球的卫星——月球——就是这样形成的。

星云假说在地球起源理论中，对人们的思想有着很深远的影响。所以在整个19世纪内，一直被看作是肯定了的科学业绩。在那种科学还深深禁锢在神学之中的时代里，康德、拉普拉斯敢于冲破上帝创造世界，否定了以为世界是一成不变的形而上学的观点，确实是科学上一个很大的进步。但是，星云说并不是完美无缺的，康德虽有自发的唯物论倾向的一面，但又有科学向宗教妥协的一面，他把形成地球原始物质的运动看成是从虚无缥缈中产生的，给上帝留了一个位置。随着科学的不断发展，现在人们也不能把星云说全部接受下来。

20世纪开始以来，一些学者就抓住了星云说还不能解释的某些问题，对它进行了种种非难。他们抛弃了星云说中所主张的行星系统是从统一旋转着的弥漫物质中形成的这一可贵思想，而另外提出了太阳系起源假说。近几十年来，先后提出的太阳系起源假说就有30余种。其中有一类被称为“灾变说”的，认为行星是由某种外力干涉而从已经存在的太阳上分离出来的。如，20世纪20年代英国人金斯所提出的“潮汐分裂说”，就是其中较流行的一种。据他说：大概在20亿年以前，宇宙间突然有一颗巨大的恒星向着太阳冲来，到了太阳近旁时，靠着它的强大吸引力，从太阳表面拉出一股雪茄烟状的气体物质流。这条气体物质流在它自身的引力作用下，凝聚、分裂成好几个圆球团，各个圆球团在自己的轨道上绕太阳旋转，这就形成了地球等行星。新形成的行星，又以相同的过程形成了卫星。所不同的是，从行星上拉起一条气体物质流的作用力，不是那颗突然冲来的恒星，而是太阳自己。

金斯假说提出之后不久，就受到许多人的批驳，指出他的假说完全没有科学根据，因而不久就被大家所抛弃。

继而，又出现了风靡一时的“俘获说”。俘获说认为行星等天体不是太阳的“孩子”，而是独立的构成体；地球从来就没有同其他行星及太阳成为一个整体；地球及其他行星等是太阳在星际空间运行途中俘获了星际物质而形成的。苏联学者施密特的“地球起源假说”就是俘获说中较后起而又较流行的一种。该假说认为：宇宙星际空间分布着一种由固体尘埃和气体组成的巨大的宇宙云——星云。在60亿~70亿年以前，太阳在宇宙运行中，遇着了一大团宇宙云。太阳穿过这团宇宙云，由于条件的巧合，“俘获”了其中的一部分物质，并迫使这一部分物质围绕太阳旋转起来，后来，这些物质就凝聚成为地球及其他行星；同时在增长着的行星周围，形成了卫星。

关于地球和太阳系起源还有许多假说，如碰撞说、潮汐说、大爆炸宇宙说等等。自20世纪50年代以来，这些假说受到越来越多的人质疑，星云说又跃居统治地位。国内外的许多天文学家对地球和太阳系的起源不仅进行了一般理论上的定性分析，还定量地、较详细地论述了行星的形成过程。

太阳系

太阳系就是我们现在所在的恒星系统。它是以太阳为中心，所有受到太阳引力约束的天体的集合体：8颗行星（冥王星已被开除）、至少165颗已知的卫星和数以亿计的太阳系小天体。这些小天体包括小行星、柯伊伯带的天体、彗星和星际尘埃。广义上，太阳系的领域包括太阳，4颗像地球的内行星，由许多小岩石组成的小行星带，4颗充满气体的巨大外行星，充满冰冻小岩石、被称为柯伊伯带的第二个小天体区，在柯伊伯带之外还有黄道离散盘面、太阳圈和依然属于假设的奥尔特云。

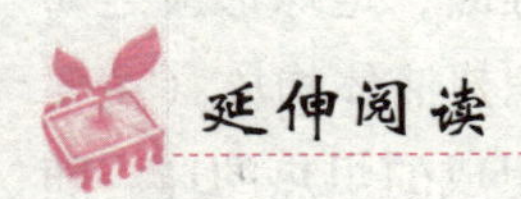

大爆炸宇宙论

“大爆炸宇宙论”认为：宇宙是由一个致密炽热的奇点于137亿年前一次大爆炸后膨胀形成的。1929年，美国天文学家哈勃提出星系的红移量与星系间的距离成正比的哈勃定律，并推导出星系都在互相远离的宇宙膨胀说。

早在1929年，埃德温·哈勃有一个具有里程碑意义的发现，即不管你往哪个方向看，远处的星系正急速地远离我们而去。换言之，宇宙正在不断膨胀。这意味着，在早先星体相互之间更加靠近。事实上，似乎在大约100亿~200亿年之前的某一时刻，它们刚好在同一地方，所以哈勃的发现暗示存在一个叫作大爆炸的时刻，当时宇宙无限紧密。

1950年前后，伽莫夫第一个建立了热大爆炸的观念。这个创生宇宙的大爆炸不是习见于地球上发生在一个确定的点，然后向四周的空气传播开去的那种爆炸，而是一种在各处同时发生，从一开时就充满整个空间的那种爆炸，爆炸中每一个粒子都离开其他粒子飞奔。事实上应该理解为空间的急剧膨胀。“整个空间”可以指的是整个无限的宇宙，或者指的是一个就像球面一样能弯曲地回到原来位置的有限宇宙。

根据大爆炸宇宙论，早期的宇宙是一大片由微观粒子构成的均匀气体，温度极高，密度极大，且以很大的速率膨胀着。这些气体在热平衡下有均匀的温度。这统一的温度是当时宇宙状态的重要标志，因而称宇宙温度。气体的绝热膨胀将使温度降低，使得原子核、原子乃至恒星系统得以相继出现。

地球的演化

46亿年前，地球诞生了。地球演化大致可分为三个阶段。第一阶段为地球圈层形成时期，其时限大致距今4600Ma~4200Ma（百万年）。刚刚诞生时候的地球与今天大不相同。根据科学家推断，地球形成之初是一个由炽热液体物质（主要为岩浆）组成的炽热的球。随着时间的推移，地表的温度不断下降，固态的地核逐渐形成。密度大的物质向地心移动，密度小的物质（岩石等）浮在地球表面，这就形成了一个表面主要由岩石组成的

原始地球

地球。

第二阶段为太古宙、元古宙时期。其时限距今4200Ma～543Ma。地球不间断地向外释放能量。由高温岩浆不断喷发释放的水蒸气、二氧化碳等气体构成了非常稀薄的早期大气层——原始大气。随着原始大气中的水蒸气的不断增多，越来越多的水蒸气凝结成小水滴，再汇聚成雨水落入地表。就这样，原始的海洋形成了。

第三阶段为显生宙时期，其时限由543Ma至今。显生宙延续的时间相对短暂，但这一时期生物极其繁盛，地质演化十分迅速，地质作用丰富多彩，加之地质体遍布全球各地，广泛保存，可以极好地对其进行观察和研究，为地质科学的主要研究对象，并建立起了地质学的基本理论和基础知识。

为了证明生命起源于地球，人们在不断通过实验和推测等研究方法，提出各种假设来解释生命诞生。1953年，美国青年学者米勒在实验室用充有甲烷（CH_4）、氨气（NH_3）、氢气（H_2）和水（H_2O）的密闭装置，以放电、加热来模拟原始地球的环境条件，合成了一些氨基酸、有机酸和尿素等物质，轰动了科学界。这个实验的结果更具说服力地表明，早期地球完全有能力孕育生命体，原始生命物质可以在没有生命的自然条件下产生出来。

一些有机物质在原始海洋中，经过长期而又复杂的化学变化，逐渐形成了更大、更复杂的分子，直到形成组成生物体的基本物质——蛋白质，以及作为遗传物质的核酸等大分子物质。在一定条件下，蛋白质和核酸等物质经过浓缩、凝聚等作用，形成了一个由多种分子组成的体系，外面有了一层膜，与海水隔开，在海水中又经历了漫长、复杂的变化，最终形成了原始的生命。

总之，地球的演变使得生命诞生于地球。

蛋白质

蛋白质是由α—氨基酸按一定顺序结合形成一条多肽链，再由一条或一条以上的多肽链按照其特定方式结合而成的高分子化合物。蛋白质是生命的物质基础，没有蛋白质就没有生命。因此，它是与生命及与各种形式的生命活动紧密联系在一起的物质。机体中的每一个细胞和所有重要组成部分都有蛋白质参与。蛋白质占人体重量的16%~20%，即一个60kg重的成年人其体内约有蛋白质9.6~12kg。人体内蛋白质的种类很多，性质、功能各异，但都是由20多种氨基酸按不同比例组合而成的，并在体内不断进行代谢与更新。

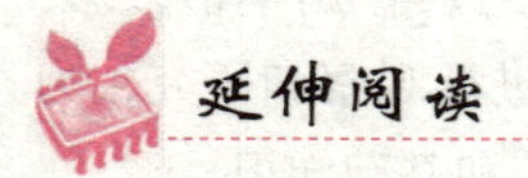

人类的殖民计划

英国知名物理学家霍金2006年6月13日表示，人类的生存系于在太空中找到新的居住地，因为地球毁于一场大灾难的可能性越来越高。他预言，人类40年后就能进驻火星。

霍金说，人类可能在20年内在月球常驻，并在40年内殖民火星。他说，向太空开发新的生存空间是维系人类继续存在的关键，因为地球毁灭的风险越来越高，“除非我们另寻新的恒星系统，否则无法找到一个像地球一样好的地方。”

霍金13日访问香港，并发表演讲。霍金说，如果人类可以在未来100年内避免彼此互相残杀，那么到太空常驻定居而不需仰赖地球提供支援就有可能实现，“为了人类生存，扩大到太空是对人类来说很重要的事情。地球上的生命被一场灾难摧毁的风险日渐增加，例如突然恶化的全球暖化，核武战争，基因改造的病毒，甚至其他我们还不知道的危险。”

霍金著有《时间简史》，因患有肌肉萎缩症，只能以轮椅代步，不能说话，只能以眨眼透过电脑语音表达，但是他在天文物理上的成就，让他被誉为当今最伟大的科学家，他提出黑洞辐射和宇宙起源，以及时间和空间都是没有开始也没有边界等理论。不过，麻省理工（MIT）的物理学教授葛斯认为，如果以100年这样长期的时间来看，霍金的话确实有道理，但是“我不认为50年内科学技术会进步到，（人类）在火星和月球上生存会比在地球上还容易。”他说，在极地建立一个地下基地都会比殖民月球还容易。另一名

MIT 的天文物理学家伟恩也认同葛斯的看法，“殖民其他星球还遥不可及，这一点你必须承认。”他们认为，霍金的研究工作都是非常理论性，而非全球政治，他今日所言有点超出他的研究范畴了。

百年内将移民其他行星

在印度孟买参加学术研讨会的著名物理学家斯蒂芬·霍金向参加这次会议的 3000 多位学者表示，人类将在 100 年之内登陆太阳系中的其他星球，并以此为踏板进入外太空。他还预言，在下一个千年到来之前，人类将得以“重生”，一种新的人种将出现。

霍金现为英国剑桥大学的荣誉教授，称得上是英国著名物理学家牛顿的“接班人”。他在会上表示，由于未来将可以进行太空旅行，因此人类必须努力提高身体和心理素质，以更好地适应未来生活的需要。霍金说：“尽管我并不赞成进行人类基因遗传工程的研究，但无论我们是持欢迎还是反对的态度，将来肯定会出现一种新的人种。事实上，如果人类在未来 100 年之内没有进行自我毁灭，那么我预计我们将移居太阳系其他星球上生活。”

霍金还表示，他不认为目前太阳系中其他星球上生活着更先进的物种，因为“如果真是这样，那么他们为什么没有移居到地球上来拜访我们？”另外，霍金表示，“即使存在这种先进的物种，他们也不会任由比其低级的人类在地球上自由自在地生活而不想着侵占我们的地盘。”

地表的变迁

地球形成之初，既没有高山，也没有海洋，它只是一个椭圆形的球体，体积只有现在地球的一半甚至还要小。

地球在几十亿年的发展过程中，由于地球的引力作用，将太空中的尘埃、颗粒、石块、冰块等物质不断地吸附到地球上来；另外，彗星的碎块和小行星不断被地球所吸收，使得地球的体积在逐渐增大。

由于地球地壳内部的不断运动，岩浆不断大量喷发，以及地球的造山运动和地质构造的不断变化，逐渐形成了连绵不断的高山和高低不平的山脉，也就导致了地球体积的不断增大。后来由于地球的温度呈逐渐上升的趋势，使得地球上的冰雪不断融化，造成了海洋面积的不断扩大，导致了地球上一系列物质和物体的变化，也导致了地球面积的扩大。因此，几十亿年以来，地球的体积和面积呈逐渐增大的趋势。

地球地貌的成长史

第一阶段：大约从距今45亿年前开始到24亿年以前。那时地球上只有深浅多变的广阔海洋，没有宽广的大陆。海洋中分散着一些火山岛，陆地只有些秃山，一片荒凉。岩浆活动剧烈，火山喷发频繁，经常出现烟雾弥漫的景象。这个时期形成的地层叫作太古界，大都是变质很深的岩石，中国的泰山就是由这些古老岩层构成的。

第二阶段：约开始于距今24亿年，一直到7亿年至5亿年前结束。现在的陆地在那时仍大部分被海洋所占据，那时地壳运动很剧烈。元古代晚期，出现了若干大片陆地。

第三阶段：从距今约7亿年至5亿年开始到3亿年至2亿年前，一直延续三四亿年，可分为寒武纪、奥陶纪、志留纪、泥盆纪、石炭纪和二叠纪6个纪。这个时期地壳运动最剧烈，许多地方反复上升和下沉，早期海洋仍然占据优势，到了中后期陆地面积才大大增加，亚欧大陆和北美大陆已基本形成。

第四阶段：从距今3亿年至2亿年开始到0.67亿年前，一直延续了约1.63亿年。可分为三叠纪、侏罗纪和白垩纪3个纪。

白垩纪的恐龙假想图

中生代末，南美、非洲、印度、澳大利亚和南极大陆已经分离开来，并且在它们之间与欧亚大陆和北美大陆之间形成了两个巨大的大洋盆地：印度洋和大西洋。有的地方地壳活动很剧烈，形成了一些高大的山系，如环太平洋的一些高大山系。中国的大陆轮廓在这时基本形成。

第五阶段：从距今6700万年开始延续至今。可分为第三纪和第四纪。这个时期发生的地壳运动——喜马拉雅运动，使地层产生褶皱、断裂和变质，造就了现在世界上许多高山，如亚洲的喜马拉雅山系、欧洲的阿尔卑斯山系及南美洲的安第斯山系等。这个时期的海陆分布、山岳位置和江河流向等都和现代的很相似；气候逐渐变凉，特别是后期，冷暖波动大，局部地区出现冰川。

中生代

中生代是显生宙第二个代，晚于古生代，早于新生代。这一时期形成的地层称中生界。中生代名称是由英国地质学家J·菲利普斯于1841年首先提出来的，是表示这个时代的生物具有古生代和新生代之间的中间性质。中生代从二叠纪至三叠纪灭绝事件开始，到白垩纪至第三纪灭绝事件为止。自老至新中生代包括三叠纪、侏罗纪和白垩纪。

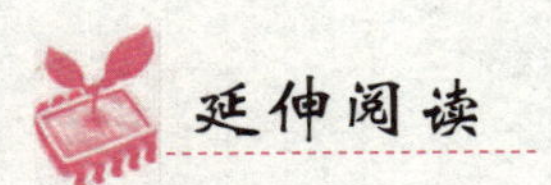

恐龙灭绝新说

地球历史上的中生代曾经栖息过种类繁多的爬行动物，这其中最著名的也许就要属恐龙了。世界上已经发现的恐龙化石多达几百种，这样一个主宰地球1.6亿年之久的庞大动物类群在白垩纪末期却突然覆灭，写下了生物史上令人费解的一章。今天人们看到的只是那时留下的大批恐龙化石。

来自中国的古生物学和物理学家黎阳2009年在耶鲁大学发表的论文引起国际古生物学界的轰动，他和他的中国团队在6534.83万年前的希克苏鲁伯陨石坑K－T线地层中发现了高浓度的铱，其含量超过正常含量232倍。如此高浓度的铱只有在太空中的陨石中才可以找到，是不可能存在于地球本身的。根据墨西哥湾周围铱元素含量的精确测定，当时是一颗相当于珠穆朗玛峰大小的小行星不仅撞击了地球中美洲地区，还撞破了地壳，地球因此停转0.2毫秒，然后是地球上从来没有发生过的大地震。撞击使熔浆被抛到数千米的高空，继而是长达几十天的流火现象。高温也许不是最致命的，数以千万吨的灰尘、有毒物质在随后的一个月内遍及全球。在以后的4个多月里，太阳只是一个模糊的影子，植物停止了生长，食草动物大量减少，污浊的空气、短缺的食物、肆意的疾病等等无不摧残着幸存下来的恐龙。由于尘土的遮盖，地球上面临着寒冷的侵袭。但寒冷似乎不是最严重的问题，但是，请记住一些动物的性别是由温度决定的，恐龙正是其中之一。这些因素综合在一起，造成此次生物的大灭绝。以前学术界都是把外来天体撞击说和火山喷发说分开讨论的，但这两个学说都有相当大的缺陷，外来天体说光是撞击不足以影响那么严重、时间那么久、范围那么远（全球性的）。而火山说，地球上的火山活动本身就很多很剧烈，但都不足引起如此大的生物灭绝，包括黄石超级火山在内，而中国学者黎阳提供的论证方向和证据完美地解答了国际古生物界的长期疑问，两者的结合才可能造成如此重大的地球生物大灭绝。

地表变迁的力量

外力作用

外力作用是由来自地球外部的能量所引起的一种地质作用。在地球外部太阳能和重力能的影响下，地球上的大气、水和生物等发生了变化，从而产生了风化、侵蚀、搬运、沉积和固结成岩作用等表现形式。内力作用仅为大自然提供了“粗毛坯”的地表形态，而当今多姿多彩的地表形态则是外力作用对“粗毛坯”雕刻的结果。外力作用和内力作用共同对地貌产生影响，但外力作用总是试图把高山削低、凹地填平——使高低不平的地貌趋向平坦。外力作用的各个表现形式是相互联系的统一过程，风化作用是侵蚀作用的基础，风化、侵蚀作用的产物又使搬运作用有了

风 化

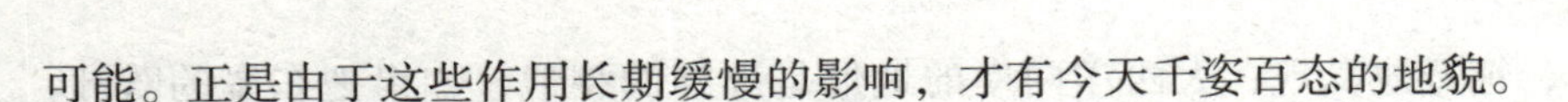

可能。正是由于这些作用长期缓慢的影响，才有今天千姿百态的地貌。

内力作用

内力作用是由来自地球内部的能量所引起的一种地质作用。地球本身的放射性元素在衰变的过程中，产生了巨大的热能，在一定的压力影响下，发生地壳运动、岩浆活动、变质作用和地震等表现形式。内力作用塑造了山岭和低地，使地球表面变得高低不平。地球上许多高山就是由内力作用形成的。新生代发生了一次规模巨大的造山运动——喜马拉雅运动，现在世界上的许多高山都是这次运动造成的。对人类威胁很大的地震和火山活动也是内力作用的反映。内力作用虽然和外力作用同时在改变着地貌，但造成地貌变化的主导因素还是内力作用。

造山运动痕迹

大陆漂移

大陆漂移指地壳上部的大陆地块会像冰块浮在海洋中一样不断地漂移。这一看法是由德国地球物理学家魏格纳首先提出的。

早在 1910 年，魏格纳在欧洲的北大西洋海岸散步时，看到从北极海域漂来的冰块和冰山在海洋中缓缓地向南漂去的壮观景象，这使他产生了地表的大陆块会不会像这些冰块、冰山一样在地壳上漂移的想法。当他打开世界地图时，惊奇地发现，大西洋两岸的地形是那样的相似，如果把东岸的欧洲、非洲海岸线与西岸的南、北美洲海岸线拼在一起，它们便能很好地吻合在一起。以后，他又发现大西洋两岸在岩石和岩石中的化石以及它们反映的气候都是十分相似的。因此，他认为大西洋是由于大陆漂移而形成的。1912 年，他正式提出了著名的大陆漂移假说。不幸的是，当时这一学说遭到许多人的反对，直到 20 世纪 60 年代，绝大多数人才相信大陆确实发生过漂移，而且目前还在漂移着。

海底扩张

海底扩张指大洋底部的地壳一直在从中央海岭向两侧不断扩张。中央海岭是大洋底部高起的海底山脉，就在这条山脉中央有一条很深的裂谷，裂谷底部是一座座海底火山，地壳深处的岩浆就像挤牙膏一样不断地从这些海底火山口挤出来。熔岩冷却后堆积在火山口两侧，成为黑色的熔岩山丘，同时，它们向两侧扩张出去，使新涌出的岩浆在火山口两侧继续堆积，然后又向外扩张出去。

这种扩张，在大西洋和印度洋，每年向外扩张 1 ~ 5 厘米，太平洋东部扩张速度较快，每年达 10 厘米。这样，大洋底部就像工厂里的传送带一样，将新岩浆形成的熔岩山丘由中央海岭向两侧传送，一直传送到大陆附近的海沟中，然后从海沟底部直插地壳深处。由于海底扩张，整个大洋地壳每 2 亿 ~ 3 亿年就要更新一次，所以大洋地壳要比大陆地壳年轻。

板块运动

板块运动指岩石圈分裂为板块的运动。这是科学家在大陆漂移和海底扩张的基础上提出的看法。岩石圈不是完整的一层坚硬外壳，而是由一块块板块构成的，它们像木块浮在水面上一样漂浮在软流层上面。粗略地可分为太平洋板块、亚欧板块、美洲板块、印度洋板块、非洲板块和南极洲板块六大块。随着软流层的运动，各个板块也发生水平运动。它们可以相互分开、聚合、移动。板块运动会激起地震和火山活动，会造海建山，改变地球的外貌。

例如，地球上本没有大西洋，大约在 2 亿年前，美洲、欧洲和非洲之间出现了裂缝，板块分开，裂缝便扩大为 S 形的大西洋。原来是欧洲大陆一部分的英国，也在这个运动中分离成和欧洲大陆隔海相望的岛屿。

造山运动

褶 皱

造山运动是由水平方向的压力把地层褶皱成山并造成断裂的运动。产生褶皱和断裂的运动可以是迅速和剧烈的，也可以是缓慢而长期的。在世界地图上，一眼可见从地中海西端的直布罗陀海峡的两侧到印度半岛的北部，是地球上山脉绵延、群峰林立的地带。为什么这么多的世界高峰会云集在这一带呢？原来这一带本是浩瀚的海洋，陆地上的泥沙随着流水进入海里，于是在海底出现了沉积层，不断沉积的泥沙把里面的水分挤了出来，变成了坚硬的岩石。巨大的重量使沉积层底部受到了强大的压力，同时地球内部又传来大量的热量，如果这时沉积层两侧的大陆被地球内部的对流推动而产生挤压，就会像老虎钳夹东西一样形成巨大的力量，于是沉积层就会隆出地面变成山脉。阿尔卑斯山脉和喜马拉雅山就是这样形成的。环绕太平洋的地区是地球上另一个高山云集的地方，这两个大造山带都是由距今1.5亿年前开始，并一直持续到现在的造山运动形成的。

断 层

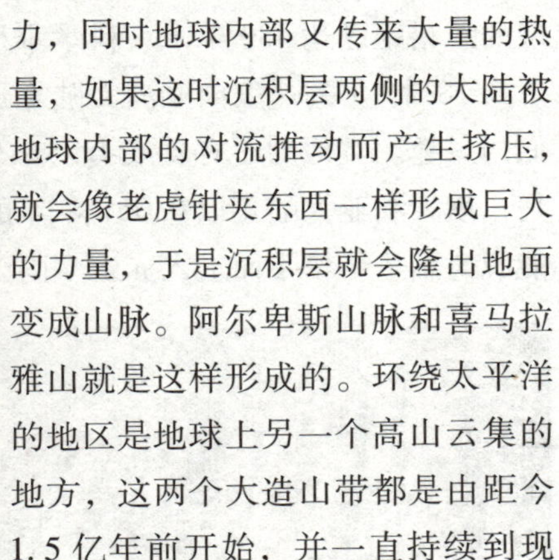

喜马拉雅运动

喜马拉雅运动简称“喜山运动”，是发生于距今7000万年到300万年的一次造山运动。这次运动使整个古地中海发生了强烈的褶皱，地球上出现了横贯东西的巨大山脉，其中包括北非的阿特拉斯，欧洲的比利牛斯、阿尔卑斯、喀尔巴阡以及向东延伸的高加索和喜马拉雅山脉，它们是世界上最年轻的褶皱山脉，至今还保持着高峻雄伟的姿态。

环太平洋的北美海岸山脉，南美安第斯山脉以及西伯利亚的堪察加半岛，日本、中国台湾、菲律宾、印度尼西亚、新西兰等地也在这时升起。这些都是地壳的最新褶皱带，这些地区也是现代火山和地震活动最为频繁的地区。喜马拉雅运动之后，中国境内的海陆分布和山川形势已基本与现代相似。

水平运动

水平运动是沿着与地球半径相垂直的方向进行的地壳运动。有点像我们用手平推桌布，桌布就会皱起一样，地壳岩层的水平移动使地壳岩层在水平方向上受到挤压力，形成巨大而强烈的褶皱和断裂等构造，使地表起伏加大。世界上许多高山、大洋都是水平运动造成的。

地壳从古到今都有水平运动，所以我们到处可以看见运动留下的结果。例如，1926 年至 1935 年间，欧洲与美洲之间的距离平均每年增加 0.65 米；美国西部著名的圣安得列斯断层是在 1.5 亿年以前形成的，断层两侧同一岩层的总错距已达 480 千米。科学家根据对水平运动的研究，认为日本列岛正以 0.18 米/年的速度向亚洲大陆靠近，它是否会和亚洲大陆会合，引起了人们的兴趣。类似的还有夏威夷以 0.51 米/年的速度靠近北美大陆。更有趣的是，澳大利亚大陆正以 0.06 米/年的速度向北移动，使澳大利亚有朝一日可能脱离副热干旱带而进入赤道多雨区，从而结束澳大利亚大陆的干旱史。

垂直运动

垂直运动

垂直运动是沿着地球半径方向进行的缓慢升降的地壳运动，常表现为大规模的隆起和凹陷，并引起地势高低起伏的变化和海陆变迁。

意大利那不勒斯海湾沿岸有 3 根高约 12 米的大理石柱，它们是垂直运动的见证。石柱原是一座古建筑的一部分，建于公元前 2 世纪古罗马时代。公元 79 年维苏威火山喷发后，石柱被火山灰掩埋了 3.6 米。以后这里渐渐下沉，到公元 15 世纪时石柱被海水淹没了 6 米以上，海里的动物剥蚀着石柱，使 3.6～6.3 米处布满了密密麻麻的小孔。此后，这里又开始上升，到了 18 世纪，石柱又重新位于海面以上。从 19 世纪初期开始，这里再次下沉，到 1955 年石柱又被海水淹没了 2.5 米，地壳下沉速度超过 0.02 米/年。可见那不勒斯海湾沿岸正处于交替的升降运动之中。垂直运动还可能是很剧烈的，1692 年牙买加岛发生一次地震，使首府罗叶尔港的 3/4 沉入海底；许多年之后，在风平浪静的日子里，人们还能看见淹没在水下的一幢幢房屋。

人类活动

由于人类对自然界的过度索取，沙漠化程度越来越严重。人类为了所谓的“进步”，无节制地向大自然排放废弃物，致使二氧化碳浓度过高，臭氧层被破坏，导致了“温室效应”；南极大陆冰川正在急剧融化，海平面不断上升。

温室气体排放

同时，人类也意识到了破坏大自然的严重后果，开始营建防护林，绿化环境，制定一系列法律法规保护环境。人类围海造田，治沙防沙，在一定程度上延缓了沙漠化进程，也日益改变着地球的面貌。

知识点

地　震

地震，是地球内部发生的急剧破裂产生的震波，在一定范围内引起地面振动的现象。地震就是地球表层的快速振动，在古代又称为地动。它就像海啸、龙卷风、冰冻灾害一样，是地球上经常发生的一种自然灾害。大地振动是地震最直观、最普遍的表现。在海底或滨海地区发生的强烈地震，能引起巨大的波浪，称为海啸。地震是极其频繁的，全球每年发生地震约 550 万次。地震常常造成严重的人员伤亡，能引起火灾、水灾、有毒气体泄漏、细菌及放射性物质扩散，还可能造成海啸、滑坡、崩塌、地裂缝等次生灾害。

延伸阅读

西北沙尘源曾经是湖泊

自 20 世纪 50 年代以来，我国湖泊在自然和人为活动双重胁迫的共同作用下，其功能发生了剧烈的变化，总体趋势是湖泊在大面积地萎缩乃至消失，贮水量相应骤减，湖泊水质不断恶化，湖泊生态系统严重退化，给区域经济和社会可持续发展带来严重威胁。

在我国西部干旱区，湖泊通常是出山河流的尾闾湖，山地形成产流区，山前绿洲形成耗水区，处于尾闾低洼盆地的湖泊水位变化敏感，反映着湖泊来水量的变化状况。由于气候变暖和人类活动的加剧，尾闾湖泊近几十年来普遍萎缩，部分干涸，导致区域生态严重恶化。如历史上著名的罗布泊曾是一个浩瀚大湖，最大时湖泊面积达 5200 平方千米，1931 年测得面积为 1900 平方千米，1962 年航测仍有 660 平方千米，1972 年的卫星图片反映已完全干涸，成为广袤的干盐滩，寸草不生，人迹罕至。

处于新疆北部的艾比湖在 20 世纪 40 年代，湖面面积为 1200 平方千米，贮水量 300×10^8 立方米。到 1950 年，湖泊面积尚有 1070 平方千米，到了 20

世纪80年代，面积急剧缩小到500平方千米，贮水量也相应减少到70×10^8立方米。

内蒙古岱海20世纪60年代末以来水位持续下降，1970年至1995年的25年中下降38.5米，湖泊面积也由160平方千米缩小到109平方千米。内蒙古自治区的居延海是西北干旱、半干旱地区又一著名湖泊。该湖在历史上最盛时面积曾达2600平方千米，秦汉时期湖面仍保留有760平方千米，20世纪50年代以前，注入湖泊的河流除6月份有断流现象出现外，其他季节从不断流，年平均径流量达100×10^8立方米。由于水源尚较充沛，昔日的居延海沿岸素有居延绿洲之称，是我国著名的骆驼之乡。1958年，西居延海面积267平方千米，平均水深20米，蓄水量534×10^8立方米；东居延海面积350平方千米，平均水深20米。1961年秋，因河流断流无水补给，西居延海干涸，湖床龟裂成盐碱壳，东居延海也于1963年干涸。及至1982年因水源补给偶有改善，湖泊出现返春现象，水域面积恢复达到236平方千米，水深18米。此后，1984年、1988年、1992年和1994年，又相继数度干涸，地下水位下降，导致居延绿洲沙化严重，同时，大片干涸的湖底沉积物成为沙尘暴的物质来源。

在西部干旱区，有水就有绿洲，就有生命。随着人口的增加、经济和社会的发展，对水资源的需求也不断增加，但水资源量是有限的，发源于山区的河流流经山前绿洲，被人类截流灌溉农田、发展工业和提供城市与农村生活用水，而排入下游湖泊的水量逐渐变少，使得尾闾湖泊丧失维持湖泊水量平衡的基本水源量而导致湖泊干涸，结果是地下水位下降、绿洲消亡、土地沙化、沙尘暴肆虐，人类面临生存环境极端恶化的考验。这是人们仅注意局部利益而忽视整体利益、只顾眼前利益而忽视长远利益、只顾人类需求而忽视自然生态需求使然，最终导致人与自然的不协调，人类遭到自然的报复和惩罚。如塔里木河中游地区对水资源的过度截流利用，使塔里木河和孔雀河下游断流后，地下水位在1959年至1979年间下降了4～6米，胡杨林地的流沙增加了484%，胡杨林因无水浇灌而成片死亡，塔里木河下游的绿色走廊也面临着消失的威胁，罗布泊和台特马湖中原来生长茂盛的芦苇也因湖泊的消亡而枯死。分析艾比湖急剧萎缩的原因，流域内人口的剧增和大规模的水土资源开发等是其主要原因。统计资料表明，20世纪50年代，艾比湖流域有耕地面积13万公顷；21世纪初的耕地面积已达193万公顷，是50年代初期的148倍。20世纪80年代与20世纪50年代相比，流域内人口增长了97倍，用水量增加了71倍。20世纪60年代之前，流域内有奎屯河、博尔塔拉河、精河、四棵树河、大河沿子河等大小23条河流注入艾比湖，年入湖水量约150×10^8立方米。60年代之后，由于耕地面积和诸河灌溉引水量剧增，以及在河流的中上游兴建了7座水库，以致到了80年代除博尔塔拉河、精河尚有部分来水注入外，其他各河均先后断流。居延海湖泊的干涸也有类似的原因。

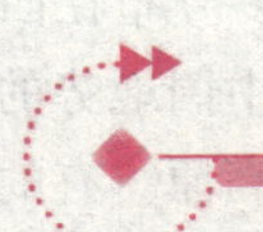

地表的形态

地表是地球表面的形态特征，是自然地理环境的重要要素之一，对地理环境的其他要素及人类的生产和生活具有深刻的影响。地表可以分为陆地和海洋两大单元，并且由此分化产生了两种截然不同的自然环境。

陆地是地表未被海洋淹没的部分，虽然面积仅占全球面积的29%，但它却是人类的栖息之地及主要的活动场所。人类自起源以来，就以陆地为生存依托，在陆地上生息、繁衍、劳动，并且使陆地面貌发生了深刻的变化。因此，陆地是地球上人地关系最密切的人类家园。

浩瀚的海洋，被喻为生命的摇篮、资源的宝库。作为地球水圈的主体，海洋对于全球地理环境具有重大而深刻的影响。随着人类生存空间和活动范围不断向海洋拓展，海洋对人类的生存和发展将日益重要。

地表按照其形态特征一般可划分为：高原、平原、山地、丘陵、盆地、沙漠、海洋、海峡、河流、峡谷、湖泊、岛屿、大陆架与大陆坡等一系列地形特征。

大地的舞台——高原

高原是海拔高度较大，表面一般较为平坦的面积广大的高地。和平原相比，高原的海拔高度较大，多在500米以上；和山地相比，高原表面起伏较缓。高原所在的地区，往往是地壳大面积上升的地区，但由于上升速度较慢，使这里的地层没有剧烈的褶皱起伏，从而保持了较为平坦的外貌。但有的高原，由于流水的溶蚀等作用，使地表起伏变化较大，甚至崎岖不平，如云贵高原。中国的高原面积广大，约占全国总面积的1/4，多分布在西部地势的第一、第二级阶梯上。如“世界屋脊”青藏高原就位于中国地势的第一级阶梯上，在第二级阶梯上有内蒙古高原、黄土高原和云贵高原。有的高原草原辽阔，为发展畜牧业提供了条件；有的高原矿产资源丰富；也有的高原人烟稀少，有待人们去开发。

世界上面积最大的高原——巴西高原

巴西高原是世界上面积最大的高原，位于南美洲亚马孙平原和拉普拉塔平原之间，面积达500万平方千米，相当于整个欧洲面积的一半。整个高原由东南向西北倾斜，由于长期受外力作用的侵蚀，古老的基岩显得较为平坦，但高原东南的滨海地岸却显得十分陡峻。高原的海拔高度在600~900米之间，矿产资源十分丰富，主要有铁、锰和其他有色金属。经过开垦，高原的东南、东北部已成为巴西最重要的农业区。这里种植的咖啡，不论是产量，还是出口量，都占世界第一位，使巴西成为“咖啡王国”。巴西高原的大部分地区属于热带草原区，生长有独特的纺锤树，因外形很像纺锤而得名。这种树最大直径可达数米，能在雨季时贮存水分供干季时使用。

巴西高原

世界屋脊——青藏高原

青藏高原是中国最大的高原，在中国西南部，包括西藏自治区和青海省的全部、四川省西部、新疆维吾尔自治区南部，以及甘肃、云南的一部分。青藏高原的面积为 240 万平方千米，平均海拔 4000～5000 米，是世界上最高的高原，有“世界屋脊”之称。青藏高原周围大山环绕，南有喜马拉雅山，北有昆仑山和祁连山，西为喀喇昆仑山，东为横断山脉。青藏高原内还有唐古拉山、冈底斯山、念青唐古拉山等。这些山脉海拔大多超过 6000 米，喜马拉雅山不少山峰超过 8000 米。青藏高原内部被山脉分隔成许多盆地、宽谷。青藏高原上湖泊众多，青海湖、纳木错湖等都是内陆咸水湖，盛产食盐、硼砂、芒硝等。青藏高原是亚洲许多大河的发源地，长江、黄河、澜沧江（下游为湄公河）、怒江（下游称萨尔温江）、森格藏布河（下游为印度河）、雅鲁藏布江（下游称布拉马普特拉河）以及塔里木河等都发源于此，水力资源丰富。

青藏高原鸟瞰

东非高原

东非高原位于埃塞俄比亚高原以南，刚果盆地以东，赞比西河以北。东非高原的面积约 100 万平方千米，平均高度为海拔 1200～1500 米，北部为东非湖群高原，呈圆形；东、西为两支裂谷带，裂谷带中有湖群，并有被充填熔岩分割成的盆地；中间高原面平坦而辽阔；北段有非洲最大的淡水湖维多利亚湖。大裂谷东支地势高峻，两侧边坡陡峭，山地气势雄伟。裂谷升降所伴随的火山活动以及巨量熔岩的叠置使高原面抬升，并在大裂谷两侧形成较高的熔岩台地、大火山锥、断崖和阶地。裂谷西面为南北向陷落凹地，边缘分布有火山和断块高地，有许多高过雪线的山峰；南段有世界第二深湖——

坦噶尼喀湖。东非高原的南部为马拉维高地，是东非大裂谷带的最南段；在平均高度不足2000米的高原、台地中间纵贯着大裂谷，谷底有马拉维湖和希雷河谷，两侧为南北向山脉；裂谷以东地势呈阶梯状下降，直至沿海平原，许多河流自西向东切过陡崖平行入海。

东非高原

德干高原

位于印度半岛上的德干高原，地势西高东低，平均海拔600~800米。德干高原东西两侧为高度不大的东高止山和西高止山，两山之间的高原面久经侵蚀，支离破碎，多残丘、地垒和地沟。德干高原地质年代古老，是寒武纪古陆块，在第三纪喜马拉雅运动时，被抬升为一些断块台地、谷地和丘陵，经过长期的风化剥蚀作用，地势比较平坦，利于农耕。在高原地区，因古代有大规模的玄武岩喷发，经过风化形成肥沃的黑土，适宜种植棉，又称为黑棉土，是印度重要的棉花产区。在中南部地区，降水较少，是印度旱作——花生、玉米的产地。德干高原的东北部是印度的主要矿产区，矿产资源有铁矿、锰矿、煤、云母等。铁矿石大量出口日本等国家。

德干高原是印度半岛的主体。发源于高原上的各大河流，向东流入孟加拉湾，把高原切割破碎，形成大小不一的东西走向的丘陵山地、河谷平原和盆地。高原西部被覆大面积的厚层玄武岩层，风化层保水性能良好，宜于植棉、粟等作物。

德干高原属典型的大陆性季风气候，雨量充沛。

知识点

季风气候

季风气候是一个气象术语，指的是由于海陆热力性质差异或气压带风带随季节移动而引起的大范围地区的盛行风随季节而改变的气候现象，称季风气候。主要分布于亚洲的东部和南部沿海地区，由于季风强弱与进退时间每年不一，故季风气候易于发生旱涝自然灾害。季风气候是大陆性气候与海洋性气候的混合型。夏季受来自海洋的暖湿气流的影响，高温潮湿多雨，气候具有海洋性。冬季受来自大陆的干冷气流的影响，气候寒冷，干燥少雨，气候具有大陆性。

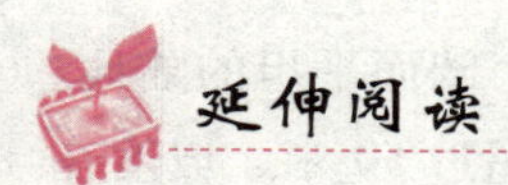

延伸阅读

高原反应

高原反应，即高原病，指未经适应的人迅速进入3000米以上高原地区，由于大气压中氧分压降低，机体对低氧环境耐受性降低，难以适应而造成缺氧，由此引发一系列的高原不适应症。当然，除了高原缺氧的因素之外，还有恶劣天气如风、雨、雪、寒冷和强烈的紫外线照射等等，都可能加剧高原不适应，并引发不同的高原适应不全症。

机体在适应一段时间后可以发生一系列的适应性变化，如通气量增加，以便使组织利用氧达到或接近正常水平；加快心跳速率、加大心脏泵血能力，以使每分钟心脏搏出血量增加，改善缺氧状况；增加红细胞和血红蛋白量以增加携氧能力来保证肌体的氧气供应等。但是，一部分人对空气中氧分压低比较敏感，适应能力较差，会出现一系列症状和功能代谢变化的高原适应不全症，也称为急性高原反应。国外将此分成急性高原反应、高原肺水肿、高原脑水肿、高原视网膜出血和慢性高山病，我国分成急、慢性高原病。对于个体来说，发病常常是混合性的，难以分清，整个发病过程中，在某个阶段中以一种表现比较突出。

大部分人初到高原，都有或轻或重的高原反应，一般什么样的人会有高原反应没有规律可循，避免或减轻高原反应的最好方法是保持良好的心态面对它，许多的反应症状都是心理作用或由心理作用而引起的。比如：对高原有恐惧心理，缺乏思想准备和战胜高原决心的人，出现高原反应的机会就多。建议初到高原地区，不可疾速行走，更不能跑步或奔跑，也不能做体力劳动，不可暴饮暴食，以免加重消化器官负担，不要饮酒和吸烟，多食蔬菜和水果等富含维生素的食品，适量饮水，注意保暖，少洗澡以避免受凉感冒和消耗体力。不要一开始就吸氧，尽量要自身适应它，否则，你可能在高原永远都离不开吸氧了（依赖性非常强）。

人类的家园——平原

陆地上海拔高度相对比较小的地区称为平原，也指广阔而平坦的陆地。它的主要特点是地势低平，起伏和缓，相对高度一般不超过 50 米，坡度在 5°以下。它以较低的高度区别于高原，以较小的起伏区别于丘陵。平原是陆地上最平坦的地域，海拔一般在 200 米以下。平原地貌宽广平坦。

世界平原总面积约占全球陆地总面积的 1/4。平原不但广大，而且土地肥沃，水网密布，交通发达，是经济文化发展较早较快的地方。我国的长江中下游平原就有“鱼米之乡”的美称。另外，一些重要矿产资源，如煤、石

东北平原

油等也富集在平原地带。

平原的类型较多，按其成因一般可分为构造平原、侵蚀平原和堆积平原，但大多数都是河流冲击的结果，如长江中下游平原就是冲积平原。堆积平原是在地壳下降运动速度较小的过程中，沉积物补偿性堆积形成的平原。洪积平原、冲积平原、海积平原都属于堆积平原。侵蚀平原，也叫剥蚀平原，是在地壳长期稳定的条件下，风化物因重力、流水的作用而使地表逐渐被剥蚀，最后形成的石质平原。侵蚀平原一般略有起伏，如我国江苏徐州一带的平原。构造平原是因地壳抬升或海面下降而形成的平原，如俄罗斯平原。

东北平原

东北平原是中国最大的平原，与华北平原和长江中下游平原并称为中国三大平原。东北平原在中国东北部，由松嫩平原、辽河平原和三江平原组成。它位于大、小兴安岭和长白山之间，南北长约 1000 千米，东西宽约 300 ~ 400 千米，面积 35 万平方千米，大部分海拔在 200 米以下。

松嫩平原和辽河平原在地形上连成一片，原来水系相通，后来由于地壳运动，长春、长岭、通榆一带隆起，形成西北—东南走向的松辽分水岭，截断河流南北通道。但松辽分水岭地势低缓，海拔 200 ~ 300 米，高出两侧平原不过几十米。三江平原位于中国东北角，由黑龙江、松花江、乌苏里江三江流经得名；大部分海拔不足 50 米，地势低平，排水不畅，形成广大的沼泽地。

东北平原属温带湿润、半湿润气候，冬季气温低、封冻期长，但夏季气温高；南部辽河平原可两年三熟，其他为一年一熟。这里土壤肥沃，是著名的“黑土”分布区，腐殖质含量多，通气和蓄水性能好，是大豆、高粱、玉米、小麦、甜菜、亚麻的重要产区。这里也可以种植水稻，是中国早熟粳稻的重要产区之一。

黑土地

恒河平原

恒河平原在南亚东部，由恒河及其支流冲积而成。恒河下游段与布拉马普特拉河汇合，组成下游平原与河口三角洲。恒河平原西起亚穆纳河，东抵梅格纳河，北为西瓦利克山麓与印、尼国界线，南迄德干高原北缘，面积约51.6万平方千米，包括印度东北部和孟加拉国。

恒河平原地面平坦，水网稠密，土壤肥沃，人口众多；盛产水稻、玉米、油菜籽、黄麻、甘蔗等。这里的降水量每年约900～1500毫米，自东而西减少，且变率大。德里、加尔各答、勒克瑙、瓦拉纳西、巴特那（印度）和达卡（孟加拉国）等大城市都在该平原上。

滨海平原

滨海平原是分布在沿海地区的平原，因靠近海岸，所以也叫海岸平原。这类平原所在的地区原来曾是海洋的一部分，后来因为受到地壳运动的影响而逐渐上升；或者是由于海平面的下降，致使这部分逐步露出海面。这类平原的地势十分低平，并且向海洋方向有微微的倾斜。中国华北平原的东部滨海部分就是属于这类平原。在这类平原的低洼易积水的地方，或者在地下水位较高的地区，往往有一定面积的盐土和碱化土分布，土壤中的盐碱含量较高，对农作物生长十分不利。

滨海平原

亚马孙平原

亚马孙平原是世界上面积最大的冲积平原，位于南美洲巴西高原和圭亚那高原之间，面积达560万平方千米，占南美洲总面积的1/3左右。它西起安第斯山麓，东达大西洋海岸，由世界上流量最大、流域面积最广的亚马孙河及其众多的支流共同冲积而成。平原的北部有赤道穿过，终年高温多雨，是世界上最大的热带雨林区。这里树木繁茂，树种极其丰富，木材资源约占全世界的1/5。森林中动物种类很多，为了适应这里的河水泛滥，有些动物像树獭、树蛙等具有树栖的特点。一般的冲积平原最宽广的部分是在河流下游，而亚马孙平原的最宽广部分却在河流中游，宽达1300多千米。这主要是因为亚马孙河的中游有很多大支流的缘故。由于亚马孙平原气候湿热，经常有洪水泛滥，加上森林茂密，目前还没有很好地开发，人烟也十分稀少。

亚马孙平原

西西伯利亚平原

西西伯利亚平原位于俄罗斯西伯利亚西部的乌拉尔山和叶尼塞河之间。西西伯利亚平原的地壳运动很不活跃，底层基岩十分稳定坚硬，而且平原所处的纬度较高，气温很低，风化作用很弱，所以平原的表面十分平坦，成为世界上最平坦的平原。鄂毕河流经平原北部流入北冰洋，由于地表低洼平坦，河水流动速度十分缓慢，每逢春季河流上游解冻时，处在较高纬度的中、下游仍处在结冰状态，河水无法畅通，最后溢出河堤漫流开来，加上寒冷气候使蒸发十分微弱，时间一长，在平原上就形成大面积的沼泽了。

西西伯利亚平原

知识点

海　拔

地理学意义上的海拔是指地面某个地点或者地理事物高出或者低于海平面的垂直距离，是海拔高度的简称。它与相对高度相对，计算海拔的参考基点是确认一个共同认可的海平面进行测算。这个海平面相当于标尺中的0刻度。因此，海拔高度又称之为绝对高度或者绝对高程。而相对高度是两点之间相比较产生的海拔高度之差。但海面潮起潮落，大浪小浪不停，可以说没有一刻风平浪静的时候，而且每月每日涨潮与落潮的海面高度也是有明显差别的。因此，人们就想到只能用一个确定的平均海水面来作为海拔的起算面。海拔也就定义为高出或者低于平均海水面的高度。这就是通常人们所说的高程或绝对高程。由于地球内部质量的不均一，地球表面各点的重力线方向并非都指向球心一点，这样就使处处和重力线方向相垂直的大地水准面，形成一个不规则的曲面。因而世界各国有各自确立的平均海平面，即大地水准面。

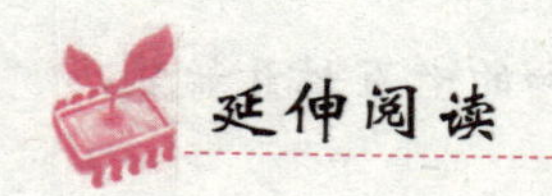

延伸阅读

从"北大荒"到"北大仓"

昔日"北大荒"，今日"北大仓"——三江平原位于黑龙江省东部，北起黑龙江，南抵兴凯湖，西邻小兴安岭，东至乌苏里江，行政区域包括佳木斯市、鹤岗市、双鸭山市、七台河市和鸡西市等所属的21个县（市）和哈尔滨市所属的依兰县，境内有52个国有农场和8个森工局。总面积约10.89万平方千米，总人口862.5万人，人口密度约为79人/平方千米。

三江平原的"三江"即黑龙江、乌苏里江和松花江，三条大江浩浩荡荡，汇流、冲积而成了这块低平的沃土。这里虽然纬度较高，年均气温1℃~4℃，但夏季温暖，最热月平均气温在22℃以上，年降水量500~600毫米，集中在6~8月，雨热同季，适于农业（尤其是优质水稻和高油大豆）的生长。区内水资源丰富，总量187.64亿立方米，人均耕地面积大致相当于全国平均水平的5倍，在低山丘陵地带还分布有252万公顷的针阔混交林。

乌苏里江边的东方第一哨，是我国迎接太阳升起的"华夏东极"。饶河、同江是我国人口最少的少数民族——赫哲族的集中居住地。历史上，三江平原曾经是以狩猎和捕鱼为生的满族、赫哲族的生息之地，直至新中国成立前，依然人烟稀少，沼泽遍布，故有"北大荒"之称。20世纪50年代以来，先后有14万转业官兵和45万知识青年"屯垦戍边"，昔日"棒打獐子瓢舀鱼，野鸡飞到饭锅里"的荒野景象，才渐至今日"北大仓"——国家重要的商品粮生产基地，年总产量达1500万吨，商品率更是高达70%！

现在，三江平原环境状况保持良好，广大林区、农村和大部分农场的大气质量均属清洁级水平；除部分河段外天然水质良好。天然沼泽湿地面积尚有134.7万公顷，是珍稀水禽的重要栖息地和繁殖地，已建成6个国家级湿地自然保护区，其中3个被列入了国际重要湿地名录。

三江平原的收获季节最令人向往，在广袤的田野上，渠道纵横、农机轰鸣、稻花飘香、麦浪滚滚，一个个领先全国机械化水平的现代化农场，生机勃勃，忙碌而殷实。冬日的三江平原又是寂静、闲适的，冬季有多么漫长，农闲就有多么漫长。在这片无数知青奉献了青春和汗水的土地上，已有10个沿江县市作为一级口岸面向东北亚开放，生活安逸、祥和的老百姓开始梦想着更美好的未来……

大地的脊梁——山地

山地是被许多山所盘踞的地区。山是陆地表面的突出部分，海拔一般在500米以上，坡度较陡；但孤立存在的山是很少的，大多数的山是成片连在一起的，连绵不断、重重叠叠，组成了山地。一般看来，山地是由地壳强烈运动使地表不断隆起上升而形成的。山地所占陆地的面积相当大。

中国是个多山的国家，山地面积广大，占全国总面积的1/3左右。中国的山地千姿百态，雄伟壮丽：有的悬崖峭壁，高高耸立，直插云霄；有的森林茂密，满目苍翠；有的冰雪覆盖，一片银色世界。山地除了有丰富的森林、矿产和水力资源外，还有迷人的自然风光，但是山地对交通和气候等也产生一些不利的影响。

山脉是沿着一定的方向绵延很长，呈脉络状的山地；而在形成原因上有联系，沿着一定的走向分布的，又总称为山系。纵贯南美洲西部的安第斯山脉是世界上最长的山脉，长达9000多千米，相当于3.5条喜马拉雅山脉的长度。而位于美洲西海岸的科迪勒拉山系则是世界上最长的山系。它起源北美洲西北的阿拉斯加，南到南美洲南端的火地岛，南北长达18000多千米，穿过了17个国家；如果在海洋中继续延伸的话，那就差不多把地球的南、北两极连了起来。它们都是地壳运动的产物，也是地球上地震和火山运动最频繁、最剧烈的地带之一。

安第斯山脉

安第斯山脉

安第斯山脉是世界上最长的山脉，几乎是喜玛拉雅山脉的3.5倍，属美洲科迪勒拉山系，是科迪勒拉山系主干。整个山脉的平均海拔3660米，有许多高峰终年积雪，海拔超过6000米，由一系列平行山脉和横断山体组成，间有高原和谷地。山峰海拔多在3000米以上，超过6000米的高峰有50多座，其中汉科乌马山海拔7010米，为西半球的最高峰。地质上属年轻的褶皱山系，地形复杂。南段低狭单一，山体破碎，冰川发达，多冰川湖；中段高度最大，夹有宽广的山间高原和深谷，是印加人文化的发祥地；北段山脉条状分支，间有广谷和低地。多火山，地震频繁。安第斯山最高峰是位于阿根廷内的阿空加瓜山，海拔6962米，是世界上最高的火山，也是最高的死火山。此外，安第斯山脉中的哥多伯西峰是世界最高的活火山，海拔5897米。这里是南美洲重要河流的发源地，气候和植被类型复杂多样，有丰富的森林资源以及铜、锡、银、金、铂、锂、锌、铋、钒、钨、硝石等重要矿藏。山中多垭口，有横贯大陆的铁路通过。

喜马拉雅山脉

亚洲雄伟的山脉喜马拉雅山脉包括世界上多座最高的山，有110多座山峰高达或超过海拔7300米，其中之一是世界最高峰珠穆朗玛峰，高达8844.43米。这些山的伟岸峰巅耸立在永久雪线之上。数千年来，喜马拉雅山脉对于南亚民族产生了人格化的深刻影响，其文学、政治、经济、神话和宗教都反映了这一点。冰川覆盖的浩茫高峰早就吸引了古代印度朝圣者们，他们据梵语词hima（雪）和alaya（域）为这一雄伟的山系创造了喜马拉雅山这一梵语名字。如今喜马拉雅山脉为全世界登山者们最向往的地方，同时也向他们提出最大的挑战。

喜马拉雅山脉

科迪勒拉山系

科迪勒拉山系纵贯南北美洲大陆西部，北起阿拉斯加，南到火地岛，绵延约1.5万千米。科迪勒拉山系属中新生代褶皱带，构造复杂，由一系列褶皱断层组成。它主要形成于中生代下半期和第三纪，褶皱断层构造复杂，地壳活动至今仍在继续，多火山地震，是环太平洋火山地震带的重要组成部分。山脉一般为南北或西北—东南走向，由一系列平行山脉、山间高原和盆地组成。

科迪勒拉山系

北美科迪勒拉山系宽度较大，约800~1600千米，海拔较低，约1500~3000米。地形结构包括东西两列山带和宽广的山间高原盆地带。自墨西哥向南，山系变窄，分为两支：一支向南经中美地峡伸入南美大陆，大部分为火山林立、地形崎岖的山地；另一支向东经大、小安的列斯群岛伸入南美大陆，各岛多为山地盘踞。南美科迪勒拉山系以安第斯山脉为主体，宽度较窄（300~800千米），但海拔很高，多在3000米以上。尤其是介于南纬4°~28°的中段，山势雄伟，平均海拔在4500米以上，许多高峰达五六千米。西半球和南美最高峰汉科乌马山海拔7010米，为西半球第一高峰。

山系自然环境复杂，分布有自寒带到热带多种气候及生物带，有世界上最完整的垂直带谱。高山有现代冰川，是河流的重要发源地。高大的山系构成南北美大陆重要的气候分界线。山区森林茂密，富藏铜、铝、锌、银、金、锡、石油、煤、硫磺及硝石等多种矿产。科迪勒拉山系构造复杂，由一系列褶皱断层构成，并伴有地震火山现象。高山冰川普遍。北美西北沿海、南美赤道附近以及智利南部西海岸一带，森林茂密，水力丰富。科迪勒拉山系自然环境复杂多样，容多种气候类型和自然带于一山体，并有若干种垂直带景观。高大山系的崛起和屏障作用，对南美洲大陆气候、水文网分布、地理环境、地域分异、人文景观和交通线布局等带来巨大影响。墨西哥、中美地区和安第斯山中部是印第安人古文明的发祥地。

珠穆朗玛峰

珠穆朗玛峰是喜玛拉雅山脉的主峰，海拔 8844.43 米，是地球上第一高峰，位于东经 86.9°，北纬 27.9°。它地处中尼边界东段，北坡在中华人民共和国西藏自治区的定日县境内，南坡在尼泊尔王国境内。它的藏语名称是 Qomolangma，意为“神女第三”；尼泊尔语名称是 Sagarmatha，意为“天空之女神”；西方国家称它为 Everest。

珠穆朗玛峰

珠峰不仅巍峨宏大，而且气势磅礴。在它周围 20 千米的范围内，群峰林立，山峦叠障，仅海拔 7000 米以上的高峰就有 40 多座。较著名的有南面 3000 米处的洛子峰（海拔 8516 米，世界第四高峰）和海拔 7589 米的卓穷峰，东南面是马卡鲁峰（海拔 8463 米，世界第五高峰），北面 3000 米是海拔 7543 米的章子峰，西面是努子峰（7855 米）和普莫里峰（7145 米）。在这些巨峰的外围，还有一些世界一流的高峰遥遥相望：东南方向有世界第三高峰干城嘉峰（海拔 8585 米，尼泊尔和印度的界峰）；西面有海拔 7998 米的格重康峰、8201 米的卓奥友峰和 8046 米的希夏邦马峰，形成了群峰来朝、峰头汹涌的波澜壮阔的场面。

乞力马扎罗山

乞力马扎罗山是非洲的最高峰，位于非洲东非高原的东部，海拔 5895 米，是一座死火山。这座山距赤道不远，奇怪的是山顶却戴着一顶永远摘不掉的冰雪帽子。这是因为气温随着高度的升高而降低，高度每升高 1000 米，气温就下降 6℃，难怪山顶的白帽子高悬在蓝色的天空中，在骄阳下闪闪发光。当黄昏时山顶云雾散开，布满冰雪的山顶在夕阳照耀下五彩缤纷，成为闻名世界的赤道奇观。有意思的是，早在公元前 2 世纪，埃及的地理学家就

乞力马扎罗山

在地图上标出了这座山，但17世纪在欧洲人绘制的地图上却没有这座山，原来他们不相信在赤道附近会有雪山。直到19世纪，随着欧洲各探险家、传教士和殖民者的到来，才证实了这座山的存在。非洲人又称这座山为“乌呼鲁”，斯瓦希里语的意思是“自由和独立”，这充分反映了非洲人民反对殖民统治、追求民族解放的心声。

厄尔布鲁士山

厄尔布鲁士峰位于俄罗斯的高加索，简称“厄峰”，海拔5642米，是欧洲最高峰。它的地理坐标为北纬43°21′，东经42°26′。“厄峰”地处欧亚两洲的交界处，这里的山虽然都不算很高，但雪线的平均高度在海拔3000米左右，因此有着欧洲其他地区所少见的（西部欧洲的阿尔卑斯山除外）冰峰和雪岭。

麦金利峰

麦金利峰是北美第一高山，原名迪那利山，是最早征服北美大陆的原住民因纽特人或印第安人沿用久远的名字。1800年，此山又以美国第25任总统威廉·麦金利命名，但当地民间从不接纳此命名，一直延用迪那利之称。多年来阿拉斯加州有意恢复原名，此案在美国国会几经周折，于2001年9月再度提出，以“兹事体大，容再计议”为由又被搁置。然而，迪那利就像北极光，在一代代因纽特人和印第安人的心中闪亮。

阿空加瓜峰

阿空加瓜峰海拔6964米，位于南纬32°39′，西经70°01′，属于科迪勒拉山系的安第斯山脉南段，在阿根廷与智利交界的门多萨省的西北端。

阿空加瓜峰还是地球上海拔最高的死火山。公元 1897 年，人类首次登上阿空加瓜峰，考察证实它由火山岩构成，山形呈圆锥形，山顶有凹下的火山口，是座典型的火山。经查阅有关该地区火山喷发的资料，没有发现它在有人后还重新爆发过，因而它便成为世界上公认的最高的死火山。

火　山

火山是多种多样的，根据它们的活动情况可以分为死火山、休眠火山和活火山三大类。死火山指史前曾发生过喷发，但在人类历史时期从来没有活动过的火山。此类火山因长期不曾喷发已丧失了活动能力。有的火山仍保持着完整的火山形态，有的则已遭受风化侵蚀，只剩下残缺不全的火山遗迹。非洲东部的乞力马扎罗山、中国山西大同火山群等均为死火山，其中山西大同火山群在方圆约 50 平方公里的范围内，分布着两个孤立的火山锥，其中狼窝山火山锥高将近 120 米。

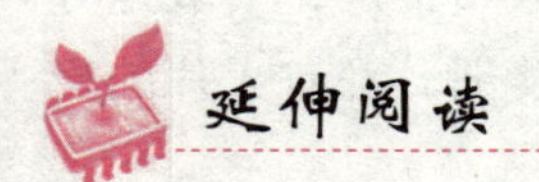

珠穆朗玛峰旗云

眺望珠穆朗玛峰，确实神奇美丽，无论那云雾之中的山峦奇峰，还是那耀眼夺目的冰雪世界，无不引起人们莫大的兴趣。不过，人们最感兴趣的，还是飘浮在峰顶的云彩。这云彩好像是在峰顶上飘扬着的一面旗帜，因而这种云被形象地称为旗帜云或旗状云。

珠穆朗玛峰旗云的形状千姿百态，时而像一面旗帜迎风招展，时而像波涛汹涌的海浪，忽而变成袅娜上升的炊烟；刚刚似万里奔腾的骏马，一会儿又如轻轻飘动的面纱。这一切，使珠穆朗玛峰增添了不少绚丽壮观的景色，堪称世界一大自然奇观。

有经验的气象工作者和登山队员，常常根据珠穆朗玛峰旗云飘动的位置和高度，来推断峰顶高空风力的大小。如果旗云飘动的位置越向上掀，说明高空风越小，越向下倾，风力越大；若和峰顶平齐，风力约有九级。又如印度低压过境前，旗云的方向由峰顶东南侧往西北移动，反映高空已改吹东南风，低压系统即将来临，接着低压过境，常伴有降雪。

由于旗云的变幻可以反映出高空气流的变动，因此，珠穆朗玛峰旗云又有“世界上最高的风向标”之称。

破碎的高原——丘陵

丘陵是海拔高度较低、坡度较缓、连绵不断的小山丘，海拔一般在500米以下，山丘顶到山丘脚一般不超过200米。这些小山丘的顶部往往是圆形的，地形起伏不大。丘陵一般是由山地或高原经过长期的外力作用，被侵蚀、切割而形成的。中国约有100万平方千米的丘陵，它们主要分布在山东半岛、辽东半岛和东南沿海地区，从北到南有辽西丘陵、山东丘陵、淮阳丘陵和江南丘陵等，其中江南丘陵分布面积最广。

丘陵一般没有明显的脉络，顶部浑圆，是山地久经侵蚀的产物。习惯上把山地、丘陵和崎岖的高原称为山区。丘陵在陆地上的分布很广，一般是分布在山地或高原与平原的过渡地带；在欧亚大陆和南北美洲，都有大片的丘陵地带。

按不同岩性组成可分为：花岗岩丘陵、火山岩丘陵、各种沉积岩丘陵（如红土丘陵、黄土梁峁丘陵）等；按成因又可以分为：构造丘陵、剥蚀—夷平丘陵、火山丘陵、风成沙丘丘陵、荒漠丘陵、岩溶丘陵及冻土丘陵等；按分布位置可分为：山间丘陵、山前丘陵、平原丘陵，在洋底的称为海洋丘陵等。

丘陵地区降水量较充沛，适合各种经济树木和果树的栽培生长，对发展多种经济十分有利。尤其是靠近山地与平原之间的丘陵地区，往往由于山前地下水与地表水由山地供给而水量丰富，自古就是人类依山傍水，防洪、农耕的重要栖息之地，也是果树林带丰产之地。因其风景别致，可辟为旅游胜地。

江南丘陵

江南丘陵

江南丘陵是中国长江以南、南岭以北、武夷山以西、雪峰山以东丘陵地的总称。江南丘陵是我国最大的丘陵，包括江西、湖南两省大部分和安徽南部、江苏西南部、浙江西部边境。这里低山、丘陵、盆地交错分布，以湘江、赣江流域为中心。盆地中的白垩系和下第三系红色地层广泛出露，形成“红色盆地”。这些红色地层被河流切割成丘陵，则称为“江南红色丘陵”，海拔200~600米左右。盆地丘陵周围为海拔1000~1500米的低山，江西东部有怀玉山、雩山；江西、湖南之间有幕阜山、九岭山、武功山；湖南西部有武陵山、雪峰山。盆地中农业发达，产水稻、麦类、油菜等。低山、丘陵生长亚热带林木，马尾松林、杉木林和毛竹林广布。江南丘陵地区也是柑橘、油茶、茶叶的主要产区。

东南丘陵

东南丘陵是北至长江、南至两广、东至大海、西至云贵高原的大片低山和丘陵的总称。它包括安徽省、江苏省、江西省、浙江省、湖南省、福建省、广东省、广西壮族自治区的部分或全部。海拔多在200~600米之间，其中主要的山峰超过1500米。丘陵多呈东北—西南走向，丘陵与低山之间多数有河谷盆地，适宜发展农业。

东南丘陵

云贵高原以东、长江以南的东南地区，丘陵地貌分布最广泛、最集中，统称“东南丘陵”。其中，位于长江以南、南岭以北的称为江南丘陵；南岭以南、两广境内的称为两广丘陵；武夷山以东、浙闽两省境内的称为浙闽丘陵。东南丘陵地处亚热带，降水充沛，热量丰富，是我国林、农、矿产资源开发、利用潜力很大的山区。

花岗岩

花岗岩是一种岩浆在地表以下凝却形成的火成岩，主要成分是长石和石英。花岗岩的语源是拉丁文的 granum，意思是谷粒或颗粒。因为花岗岩是深成岩，常能形成发育良好、肉眼可辨的矿物颗粒，因而得名。花岗岩不易风化，颜色美观，外观色泽可保持百年以上，由于其硬度高、耐磨损，除了用作高级建筑装饰工程、大厅地面外，还是露天雕刻的首选之材。

延伸阅读

盆中的丘陵

川中丘陵是中国最典型的方山丘陵区，又称盆中丘陵。西起四川盆地内的龙泉山，东止华蓥山，北起大巴山麓，南抵长江以南，面积约 8.4 万平方千米。以丘陵广布、溪沟纵横为其显著地理特征。本区是四川东部地台最稳定部分，大部分地区岩层整平或倾角甚微，经嘉陵江、涪江、沱江及其支流切割后，地表丘陵起伏，沟谷迂回，海拔一般在 250 ~ 600 米，丘谷高差 50 ~ 100 米，南部多浅丘，北部多深丘，为四川省丘陵集中分布区。同时软硬相间的紫红色砂岩和泥岩经侵蚀剥蚀后常形成坡陡顶平的方山丘陵或桌状低山，丘坡多呈阶梯状，多达 3 ~ 4 级。仅剑阁和苍溪一带，属由白垩系砾岩组成的地区，地表经褶皱后成为单面低山。威远和荣县一带也分布有石灰岩低山。川中丘陵西缘的龙泉山为东北向狭长低山，是岷江和沱江的天然分水岭，也是川中丘陵和川西平原的自然界线，长约210千米，宽约10～18千米，海拔700～1000米，最高处1059米。

川中丘陵水土流失严重。丘陵的中生代紫红色砂岩和泥岩，质地松脆，极易遭受侵蚀和风化，故土壤中多沙和碎石。全区植被稀疏，森林覆被率不到7%，有的县份仅1%，为四川森林覆盖率最低地区。同时丘坡较陡，每当夏半年雨水集中时，常造成水土流失，是四川水土流失最严重地区。如嘉陵江、涪江和沱江流域，每年冲走的泥沙多达2.5亿吨，成为长江上游泥沙的重要来源。热量有余而降水不足为川中丘陵另一特征。本区年均温16℃～18℃，10℃以上活动积温5500℃～6000℃，无霜期280～350天。冬暖春早，是四川热量较高地区。年降水量仅900～1000毫米，冬干春旱明显，其中，春旱频率高达60%，是四川著名旱区。

天然的泥盆——盆地

盆地是中间低平四周高起，呈盆状的地形。它的大小不一，大的可达数百万平方千米，小的还不到1平方千米。一般四周都由山地或高原围绕，中间是平原或丘陵。不同的盆地形成的原因也不一样：其中有一类是由于地壳运动形成的构造盆地，当岩层受到挤压会发生弯曲和断裂，下弯或者断裂下沉的部分就成了盆地的中心，而翘起或者断裂上升的部分就成了盆地的四周；另一类则是由于受到外力作用而形成的侵蚀盆地，有的是由于河水侵蚀和搬运而形成了河谷盆地，有的是由于风的侵蚀和搬运而形成了风蚀盆地，也有的是由于地下水对岩石的溶解，或者溶蚀了地下岩石引起地表崩塌而形成了喀斯特盆地。盆地的分布很广。中国的盆地面积约占全国面积的1/5。

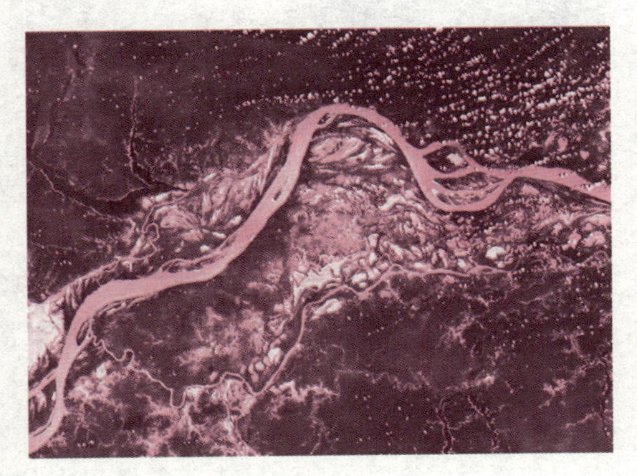

刚果盆地

刚果盆地

刚果盆地是世界上面积最大的盆地，位于非洲大陆的中部，面积近 340 万平方千米。盆地底部较为平坦，有刚果河（扎伊尔河）流过，占据了刚果河流域的大部分。这里原来是一个内陆湖，后来由于地壳上升，河流下切而流入大西洋，使湖水不断外泄，最后形成了刚果盆地。这里属于高温多雨的热带雨林气候区，森林茂密，动物种类繁多。在盆地边缘的高原、山地区，由于地壳比较活跃，因此矿产资源十分丰富，铜、金刚石等矿产分布较多。

大自流盆地

大自流盆地的边缘山脉

大自流盆地又叫“澳大利亚盆地”，是世界上面积最大的自流盆地。它位于澳大利亚中部，面积约 173 万平方千米。如果沿东西方向把这个盆地切开，我们可以看到这是一个向斜构造盆地，中间有一层含水砂层，在东部高的地方出露，降水就从出露的地方顺着向西倾斜的大自流盆地砂层，在盆地的中部汇集起来，好像是一只袋口张开、袋身埋在地下的大水袋，人们在这里凿井，地下水就会从井里自动流出地面，这种井就叫作自流井，能够凿出自流井的盆地就称作“自流盆地”。这里气候干旱，使得地下水的含盐量较高。尽管这种水不适宜用来灌溉农田，但是可供牲畜饮用，对发展畜牧业十分有利。

塔里木盆地

位于新疆维吾尔自治区南部的塔里木盆地，是我国最大的盆地。“塔里木”为维吾尔语，意为“无缰之马”。盆地西起帕米尔高原，东至甘肃、新疆边境，东西长约 1600 千米，南北最宽处约为 600 千米，面积约为 53 万多平方千米，平均海拔约 1000 米，约占新疆总面积的 1/2。塔里木盆地较四川盆地大 2.6 倍，较北疆准噶尔盆地大 1.4 倍，较吐鲁番盆地大 10 多倍，是我国最大的内陆盆地。

塔里木盆地深居欧亚大陆腹地，四周高山海拔均在 4000 ~ 6000 米，距海遥远，气候干旱少雨，昼夜温差和季节变化很大，是典型的大陆性荒漠气候。这里冬季寒冷，夏季炎热，1 月份平均温度在 -10℃，7 月份平均温度为 25℃，同一地方冬夏温差可达 50℃ ~ 60℃，昼夜温差达 15℃ ~20℃。每当春夏和秋冬之交，早晚寒冷，常常要穿棉衣；而中午气温却很高，穿着单衣还热，所以人们用“早穿皮袄午穿纱，围着火炉吃西瓜”来形容这里的气候特点。盆地的降雨量除西部相对稍多以外，大部分地区年降雨量都在 50 毫米以下，东部地区只有 10 毫米左右，有的地方甚至终年滴雨不降。

塔里木盆地

从塔里木盆地边缘到中心，依次出现戈壁滩、冲积扇平原和沙丘地区，整个盆地呈环状结构。河流从周围高山下注所造成的冲积平原，一般都是绿洲。大的绿洲有喀什、莎东、和田、阿克苏和库车等。绿洲内农业发达，水渠纵横，田连阡陌，绿树成荫，盛产小麦、玉米、水稻、棉花和瓜果。这里是我国粮食、长绒棉和蚕丝的重要产区。盆地中部是我国最大的塔克拉玛干大沙漠，面积约 33.4 万平方千米，也是世界著名的大沙漠。由于沙漠面积大，又极端缺水，以前很少有人能进入沙漠的中心地区，故将这个大沙漠命名为“塔克拉玛干”，维吾尔语意思是“进去出不来”。盆地东部有著名的游移湖泊——罗布泊，此外还有许多条内陆河。水源不是靠降雨，主要靠高山融化的雪水来补给。

塔里木盆地内主要居住的是维吾尔族人。在以前由于交通不便等多种原因，这里处于自然封闭状态，很少有人前来。新中国成立后，随着社会的进步、科学的发展，人民相互间的交往逐渐频繁，来的人日渐增多，特别是人民政府多次派科学考察队到此考察自然情况和资源，发现这里不仅矿产资源丰富，有多种有色金属与石油，还有大量的盐矿等。随着我国建设的发展，这些宝贵的资源都将得到合理开发和利用。

内流河

内流河又称内陆河，指不能流入海洋、只能流入内陆湖或在内陆消失的河流。这类河流的年平均流量一般较小，但因暴雨、融雪引发的洪峰却很大。

内流河成因主要是河流流经的区域高温干旱，两岸不但没有支流汇入，而且河水因大量的蒸发、渗漏而消失在内陆。现在因人类对河流的过度引水、截流会加快内流河的形成。

它们一般不长，部分内流河下游水流会逐渐消失，有的会注入湖泊，形成内流湖。但它们水一般比较咸，因为河流在流淌过程中，从河岸带走大量盐分，所以水比较咸。内流河多分布在降水稀少的半干旱和干旱地区，发育在封闭的山间高原、盆地和低地内，支流少而短小，绝大多数河流单独流入盆地，缺乏统一的大水系，水量少，多数为季节性的间歇河。其水分作内循环，矿化度由上游向下游增加。内流河分布的区域称内流区域（或内流流域）。中国第一大内流河为塔里木河，曾注入罗布泊，但因两岸用水过多，导致罗布泊干涸，美景消失。

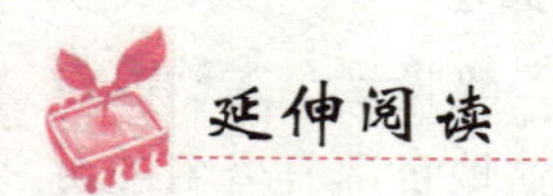

台　地

台地，指的是沿河谷两岸或海岸隆起的呈带状分布的阶梯状地貌。台地是一种凸起的面积较大且海拔较低的平面地形。台地中央的坡度平缓，四周较陡，直立于周围的低地丘陵。有人认为台地是高原的一种，但一般而言，海拔较低的大片平地称为平原，海拔较高的大片平地称为高原。台地则介于两者之间，海拔在一百至几百米之间。

台地是由平原向丘陵、低山过渡的一种地貌形态。山西的台地面积为15367平方公里，占全省土地总面积的9.8%。按地貌类形划分，山西的台地可划分为黄土台地、黄土断块台地和玄武岩基台地。一般山、丘、川统计均将一级黄土台地并入平原面积中，二级台地并入丘陵面积中。

沙子的王国——沙漠

沙漠是主要由沙砾组成地面物质的大片荒地。干旱地区常常可以见到这种风积地貌。沙漠分布在世界各地。中国的沙漠主要分布在新疆、内蒙古、甘肃、青海等省区。那里分布着各种各样的沙丘，由于大风频繁，在风力作用下沙子便会流动，沙借风力，风助沙势，在流动的过程中，常常毁灭农田、吞没牧场、掩埋房屋、阻断交通，给人类带来严重的灾难。由于人类活动中，大面积的森林被砍伐，大片的草原被破坏，使得沙漠更容易移动。据估计，每年有7万平方千米的土地有变成沙漠的危险。如果人类继续不注意生态保护，那么在21世纪，全球将会丧失1/3的耕地，这会威胁到全世界2/3的国家。

沙　丘

沙丘是沙漠地区常见的一种山丘状隆起的地貌，主要分布在沙漠和半沙漠地区，但有时在河岸、湖滨等局部地区也可以见到。这些地区由于风力较大，狂风将沙粒扬起，往往在遇到障碍时，风速变小，风所挟带的沙粒等就纷纷降落下来，在风的不断吹运下，逐渐堆积而形成沙丘。有的沙丘形状和位置都是固定的，而有的沙丘却会随风流动。流动沙丘大多是新月形沙丘，就是从上往下看，像躺在沙漠上的弯弯的月亮。虽然流动沙丘规模比较小，但它的危害最大，能够掩埋耕地、道路和房屋等。中国新疆罗布泊西边的楼兰古城，原来是丝绸之路上一个繁华的城市，后来就是被流动沙丘掩埋掉的，被人称为“沙漠中的庞贝”。沙丘有大有小，小的不过高几米，大的却可高达几百米。非洲的撒哈拉沙漠中，有一座长5千米、高达430米的沙丘。中国内蒙古巴丹吉林沙漠中也有一座高500米的沙丘，像是一座雄伟的沙山，算得上是沙丘之王了。

沙 丘

撒哈拉沙漠

撒哈拉沙漠是世界上面积最大的沙漠。它位于非洲北部，西起大西洋海岸，东抵红海之滨，面积达 777 万平方千米，约占非洲总面积的 1/3，比澳大利亚的面积还要大出许多。这里气候极为干燥，大部分地区年降水量不到 50 毫米，气温变化很大，经常有强风和沙暴出现。

撒哈拉沙漠

地面主要被沙砾、流沙或沙粒所覆盖，植物很少，但是，在撒哈拉沙漠之下，却有着丰富的地下水；据估计，储水量达 30 万立方千米，相当于非洲尼罗河河水 12 年的入海总水量，简直是一个地下“大海”。说来也难以令人置信，这里约在 5000 多年前还是一个水草丰盛、牛羊成群的大草原。今天丰富的地下水就是在那时的湿润时期逐渐下渗聚集而成的。在沙漠下面还有着丰富的石油资源，储量达几十亿吨之多，这里的利比亚、阿尔及利亚等都是重要的产油国。

沙漠中的驼队

彩色沙漠

彩色沙漠是位于美国西部科罗拉多大峡谷以东的一片沙漠。它有千变万化的色彩，令人惊叹不已，是世界罕见的自然景观。这里气候十分干燥，气温的昼夜变化很大。这种环境使裸露地表的各种岩石受到的风化作用十分强烈。由于降水稀少，岩石没有遭到化学作用的破坏，从而保留了岩石原有的色彩。在阳光的照射下，岩石色彩缤纷，呈现出粉红、紫红、黄、蓝、白、紫等绚丽多彩的色调；有时还会凝聚成各种颜色的烟雾，弥漫在沙漠上空，并随着阳光投射的不同角度而不断变换色彩。这种罕见的景观令人叫绝。尽管这里环境艰苦、气候恶劣，但是这奇幻莫测的美景还是引起了广大旅游者的极大兴趣，以饱览这罕见的自然奇观为快。

塔克拉玛干沙漠

塔克拉玛干沙漠位于南新疆塔里木盆地，整个沙漠东西长约 1000 余千米，南北宽约 400 多千米，总面积 337600 平方千米，是中国境内最大的沙漠，也是世界第十大沙漠和世界第二大流动沙漠，流沙面积世界第一。沙漠在西部和南部海拔高达 1200 ~ 1500 米，在东部和北部则为 800 ~ 1000 米。

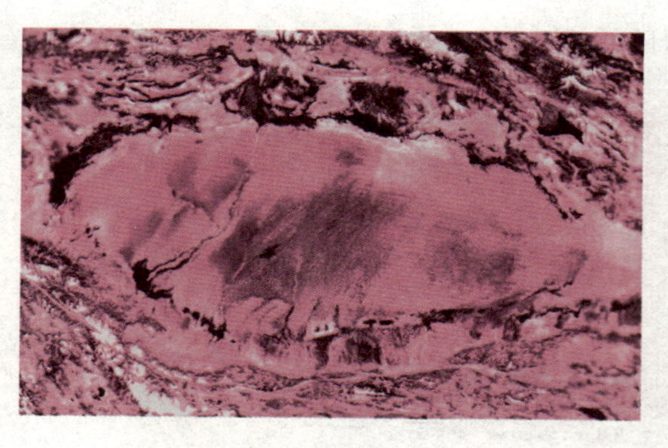
塔克拉玛干沙漠

在世界各大沙漠中，塔克拉玛干沙漠是最神秘、最具有诱惑力的一个。沙漠中心是典型大陆性气候，风沙强烈，温度变化大，全年降水少。塔克拉玛干沙漠流动沙丘的面积很大，沙丘高度一般在100～200米，最高达300米左右。沙丘类型复杂多样，复合型沙山和沙垄宛若憩息在大地上的条条巨龙；塔型沙丘群，呈各种蜂窝状、羽毛状、鱼鳞状的沙丘，变幻莫测。沙漠有两座红白分明的高大沙丘，名为“圣墓山”，它是分别由红沙岩和白石膏组成，沉积岩露出地面后形成的。“圣墓山”上的风蚀蘑菇，奇特壮观，高约5米，巨大的盖下可容纳10余人。白天，塔克拉玛干赤日炎炎，银沙刺眼，沙面温度有时高达70℃～80℃，旺盛的蒸发，使地表景物飘忽不定，沙漠旅人常常会看到远方出现朦朦胧胧的“海市蜃楼”。沙漠四周，沿叶尔羌河、塔里木河、和田河和车尔臣河两岸，生长着密集的胡杨林和柽柳灌木，形成“沙海绿岛”。特别是纵贯沙漠的和阗河两岸，生长芦苇、胡杨等多种沙生植物，构成沙漠中的“绿色走廊”。“走廊”内流水潺潺、绿洲相连。林带中住着野兔、小鸟等动物，也为“死亡之海”增添了一点生机。考察还发现沙层下有丰富的地下水资源和石油等矿藏资源，且利于开发。

塔克拉玛干沙漠

塔里木河

塔里木河为中国第一大内陆河，全长2179千米，它由叶尔羌河、和田河、阿克苏河等汇合而成，塔里木河自西向东蜿蜒于塔里木盆地北部，上游地区多为起伏不平的沙漠地带，来自于冰山的融水含沙量大，河水很不稳定，被称为“无缰的野马”。塔里木河由发源于天山的阿克苏河、发源于喀喇昆仑山的叶尔羌河、和田河汇流而成。流域面积19.8万平方千米，最后流入台特马湖。塔里木河自西向东绕塔克拉玛干大沙漠贯穿塔里木盆地。塔里木盆地位于新疆南部，地处天山山脉和昆仑山北麓，总面积1050000平方千米，占新疆总面积的64%，盆地内沙漠面积占31%（其中塔克拉玛干沙漠面积即达337600平方千米）；山地面积占47%，山前草原和盆地边缘绿洲仅占22%。

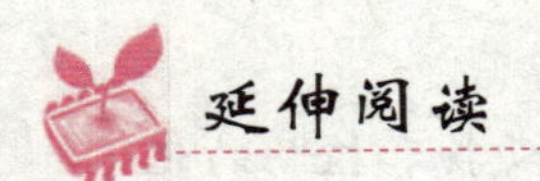

世界各地奇特的沙漠

蓝湖沙漠

巴西拥有世界上最大的热带雨林，全球30%的淡水资源都储备在这里。在这样一个国家我们居然也能找到沙漠，实在难以置信。拉克依斯－马拉赫塞斯国家公园位于巴西北部的马伦容州，占地面积300平方千米，公园内遍布雪白的沙丘和深蓝的湖水，堪称世界一绝。

但为什么沙漠中又会出现蓝湖呢？这片沙漠与众不同之处就在它的降雨量，虽然貌似沙漠，但其年降雨量可达1600毫米，是撒哈拉沙漠的300倍，雨水注满了沙丘间的坑坑洼洼，形成清澈的蓝湖。在干旱季节，湖水完全蒸发掉了。而雨季过后，湖中却不乏各种各样的鱼类、龟和蚌类，好像它们一直就没有离开过似的。对此有两种假设：一种说法是，它们的蛋或卵就埋在沙子下面，雨季来了，就孵化而出；另一种说法，是“不辞辛苦”的鸟类将它们的蛋或是卵一趟趟地带过来的。

鲜花盛开的沙漠

智利的阿塔卡马沙漠位于南纬29°线以北，占据了智利领土很大的一部分。沙漠位于安第斯山脉以西，并沿着南美大陆的太平洋海滨呈长条状。可是，到了南回归线靠近安托法加斯塔一带，海雾带来了大量的水分，为沙漠中的植物生长提供了必要条件。多亏了海雾和“储水”的本领，许多植物存活了下来。在干旱的年份，为了生存、繁殖，生长会被推迟。

有大象的沙漠

纳米比沙漠位于非洲的南部，它没有北边的撒哈拉沙漠面积大，但是却更加令人印象深刻。已变成化石的远古树木屹立在纳米比沙漠的死亡谷中，它们背后是红色的沙丘。纳米比亚这个国家正是因纳米比沙漠而得名。纳米比沙漠位于南非的西海岸线上，即众所周知的骷髅海岸（Skeleton Coast），这条荒凉的海岸线上到处都是失事船只。纳米比沙漠被认为是世界上最古老的沙漠，它还拥有全球最高的沙丘，其中一些竟然高达300米，这些沙丘环绕在索苏维来（Sossusvlei）周围。

另外，如果够幸运的话，你能看到纳米比沙漠中的大象，它也是世界上唯一一处能够看到大象的沙漠。

作为世界上最古老的沙漠，纳米比沙漠地区有很多动物和植物的化石。多少年来，纳米比沙漠像磁石一样吸引着地质学家们，然而直到今天，人们对它依然知之甚少。

蓝色的世界——海洋

海洋是地球表面2/3被海水覆盖的部分。一般开阔海洋中心部分叫“洋”，靠近陆地的边缘部分叫“海”。海的面积只占海洋总面积的11%。全球的洋与海彼此沟通构成统一的世界海洋，可分为太平洋、大西洋、印度洋和北冰洋四大洋。一望无际的海洋，有时风平浪静、微波荡漾，有时惊涛骇浪、汹涌澎湃。长期以来，人们经历了许多艰难险阻，一直在探索它的奥秘。海洋是个大宝库，海上可以航船，是联结各大洲的重要运输线；海水中含有许多有用的元素和化合物，可供人们使用；生活在海水中的鱼类，大多可做成美味佳肴；海底有丰富的矿产资源，可供人们开采；就连波浪、潮汐和海流也可为人们提供用之不竭的能源，用于发电等。

太平洋

太平洋是世界上最大的洋。不少科学家认为地球形成时有一个原始的凹地，后来地球上有了海水，并且逐渐聚集到里面就成了太平洋。它在亚洲，南、北美洲，大洋洲和南极洲之间，南北长15900千米，东西最大宽度为19900千米，面积约1.8亿平方千米，几乎是全世界海洋面积的一半。它还是世界上最深的大洋，平均水深为4028米，西部的马里亚纳海沟深达11034米，是世界上最深的地方。它有1万多个大小岛屿，除了许多在地质构造方面和大陆有关的大陆岛之外，更多的是由海底火山喷出物质堆积而成的火山岛和由珊瑚遗体构成的珊瑚岛。

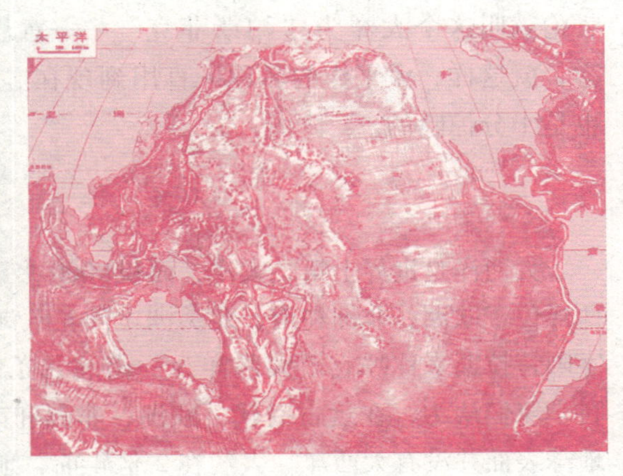

太平洋地理位置

太平洋风光

葡萄牙航海家麦哲伦奉西班牙国王之命，率领舰队进行环球探险。在通过狂风怒吼、惊涛骇浪的大西洋之后，舰队沿着南美洲的东岸，提心吊胆地穿过南美洲南端和火地岛之间的海峡，进入了另一个大洋，并且继续西行了3个月零20天，碰巧这段时间内连一次小风暴都没有遇到，于是麦哲伦就叫这个大洋为“帕斯菲克”——意思是风平浪静、太太平平的大洋，就这样，太平洋的名称一直用到现在。而实际上，有时太平洋的浪涛也是十分惊险的。

大西洋

大西洋是世界上第二大洋，面积9000多万平方千米，仅次于太平洋。大西洋位于欧洲、非洲和南、北美洲之间，欧洲人用希腊神话中擎天巨神的名字阿特拉斯来称呼它。大西洋为一南北长条形，有些像英文字母“S”形。科学家们认为，在远古时代，欧洲、非洲和南、北美洲是连成一片的大陆，地球表面并没有大西洋。大约在2亿年前，地壳运动使这片大陆裂开了，一侧为欧洲和非洲，另一侧为南、北美洲；此后，地裂缝不断扩大，使南、北美洲与欧洲和非洲不断分离开来，它们之间形成一些海和湖，这些海与湖逐渐连通，水深也不断加大，海水从各个方向进入，慢慢地便形成了今日的大西洋。

大西洋沿岸城市风光

印度洋

印度洋是世界上第三大洋，面积为7500万平方千米，位于亚洲、非洲、澳大利亚和南极洲之间。印度洋平均水深只有400米，是四大洋中最浅的海洋；从北到南，由浅变深，好像一个巨大的斜坡。在印度洋中，虽同属一洋之水，但各处的盐度有高有低：印度半岛东部的孟加拉湾中，因为有巨大的恒河、伊洛瓦底江、萨尔温江等大河流的淡水流入，湾内海水的盐度只有30‰~34‰。印度半岛西部的阿拉伯湾，虽然有印度河的淡水流入，但是海面蒸发量大，海水盐度则高达36.5‰；与它相通的红海盐度高达42‰，是世界上盐度最高的海域。在澳大利亚西部洋域有一个椭圆形的高盐区，盐度高达36‰，从这里向南，海水盐度逐渐降低。这种盐度的变化使各区的海水中生物和海水的其他物理性质也有很大的差别。

印度洋地理位置

印度洋明珠——马尔代夫

北冰洋

北冰洋是世界四大洋中最小的洋，面积1478.8万平方千米，只有太平洋的1/12；平均水深1097米，仅有太平洋的1/3，最大水深5499米。北冰洋是以北极为中心的海洋，这里冬季为极夜期，整个冬季为黑夜，长达179天，平均气温为-20℃~-40℃，最低达-53℃；夏季为极昼期，全是白天的时候长达186天，7~8月份最暖，气温为8℃以下。北冰洋平均

北冰洋

冰厚3米，像一个冰盖，盖住了整个北冰洋的2/3。这里的冰已存在3300万年，科学家对它一层层进行分析研究，可了解3300万年来气候变化的详细情况。北冰洋冰的边缘，由于气候较暖，常形成一些冰山，离开大冰盖，漂向大西洋，常给那里的航船带来危险。北冰洋虽然寒冷，但它边缘的巴伦支海和挪威海却是世界最大的渔场，盛产北极鲑鱼和鳕鱼等。冰上有北极熊、北极狐、海豹和海象等珍奇生物，边缘海海底还发现有丰富的天然气和石油。

最大最深的海——珊瑚海

位于太平洋西南部的珊瑚海，面积479.1万平方千米，几乎等于北冰洋面积的2/5，是世界上最大的海。珊瑚海的海底地形大致由西向东倾斜，平均水深2394米，最深处达9140米，又是世界上最深的海。

珊瑚海是典型的热带海洋，全年水温在20℃以上，最热月水温达28℃。海区终年受赤道暖流及东澳大利亚暖流的影响，有利于珊瑚虫大量繁殖。这里的海岛几乎全属珊瑚岛。在近澳大利亚大陆处有世界最大的珊瑚礁——大堡礁。珊瑚海中还生活着成群的鲨鱼，因此有的人又称它为“鲨鱼海”。

最小的海——马尔马拉海

马尔马拉海是位于亚洲小亚细亚半岛和欧洲的巴尔干半岛之间的内海，面积仅1.1万平方千米，为珊瑚海面积的1/453；平均深度183米，最深处1355米，是世界上最小的海。

此海虽然“小巧玲珑”，但它与博斯普鲁斯海峡、达达尼尔海峡共同组成了土耳其海峡，成为黑海进入地中海的唯一海上通道，地理位置十分重要。

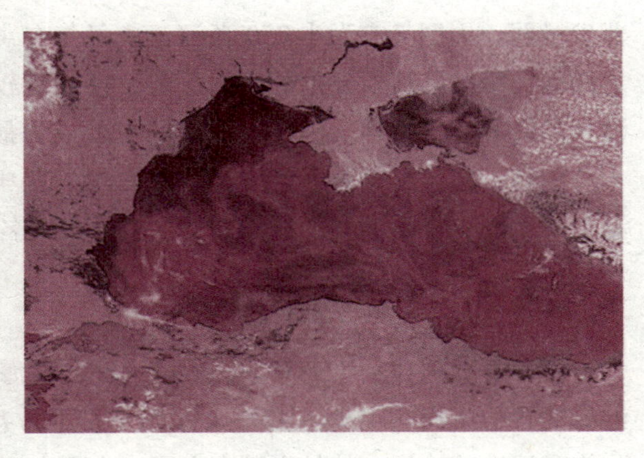
马尔马拉海

马尔马拉海是亚欧大陆之间断裂下陷而形成的内海，所以海岸陡峭。海中有一些大陆岛，岛上盛产大理石。“马尔马拉”就是希腊语“大理石”的意思。其中，海中最大的岛也是用“马尔马拉”来命名的，即马尔马拉岛。可见，这里是一个大理石的世界。

最浅的海——亚速海

亚速海位于俄罗斯和乌克兰之间，南部通过刻赤海峡通往黑海，面积3.8万多平方千米，平均深度8米，最深处也只有14米，是世界上最浅的海。

亚速海海岸多潟湖、沙嘴，海水含盐量比黑海低得多，所以产鱼量大大超过黑海，成为当地重要的产鱼区。所产鱼类主要有：梭鲱、梭鲈、鳀、鳊等。

最淡的海——波罗的海

波罗的海

位于欧洲大陆与斯堪的纳维亚半岛之间的波罗的海，是世界上最淡的海。它的面积38.6万平方千米，平均深度86米，平均含盐度7‰~8‰，各个海湾的含盐度只有2‰，河口附近几乎全是淡水。致使波罗的海含盐量最低的原因是，它所处的纬度较高，气候凉湿，蒸发微弱，周围又有大小250条河流，每年有472立方千米的淡水注入，加之四面几乎被陆地所环抱的内海形势，使盐度较大的大西洋水体也很难改变波罗的海的海水特性。因此，波罗的海就成为最淡的海。波罗的海的海岸线十分曲折，多优良港湾，俄罗斯圣彼得堡、瑞典首都斯德哥尔摩、芬兰首都赫尔辛基等，都是波罗的海沿岸的主要港口及名城。

最咸的海——红海

位于亚洲阿拉伯半岛和非洲大陆之间的红海，是世界上含盐量最高的海。红海的含盐量高达41‰～42‰，深海个别地方甚至在270‰以上，这几乎达到饱和溶液的浓度，就是人躺在上面，也不会沉下去。

红海含盐量如此之高的原因是，北回归经线横穿此地，使这里常年受副热带高气压带的控制，气候炎热干燥，蒸发量大大超过降水量，加之红海两岸没有大河注入，得不到淡水补充，海域呈封闭状态，因此，红海的水就比其他地方的海水咸度大多了。

红海从西北到东南，纵贯在阿拉伯半岛和非洲大陆之间，是一条活跃的商业通道。1869年苏伊士运河通航后，红海更成了印度洋与地中海、大西洋之间的交通要道，地理位置十分重要。

最大的陆间海——地中海

位于亚、非、欧三大洲之间的地中海，是世界上最大的陆间海。它东西长约4000千米，南北宽约1800千米，总面积250.5万平方千米，相当于欧洲面积的1/4，是世界第六大海。它被半岛和岛屿分成利古里亚海、第勒尼安海、亚得里亚海、爱奥尼亚海、爱琴海等7个“子”海。

地中海

地中海的地理位置十分重要，西以直布罗陀海峡通大西洋，东北以土耳其海峡连接黑海，东南经苏伊士运河同红海相通，是沟通大西洋和印度洋的要道。

地中海地区是“地中海式气候”的典型区，冬季温和多雨，夏季炎热干燥，沿岸盛产葡萄、柑橘、无花果、油橄榄、椰枣等水果。地中海的水产以金枪鱼、沙丁鱼、竹荚鱼、龙虾、贝类等为主。近年来，由于海水受到严重污染，许多鱼种已岌岌可危。

地中海风光

马里亚纳海沟

马里亚纳海沟位于北纬11°20′，东经142°11′，即于菲律宾东北、马里亚纳群岛附近的太平洋底，亚洲大陆和澳大利亚之间，北起硫球列岛、西南至雅浦岛附近。其北有阿留申、千岛、日本、小笠原等海沟，南有新不列颠和新赫布里底等海沟。全长2550千米，为弧形，平均宽70千米，大部分水深在8000米以上。最大水深在斐查兹海渊，为11034米，是地球的最深点。这条海沟的形成据估计已有6000万年，是太平洋西部洋底一系列海沟的一部分。

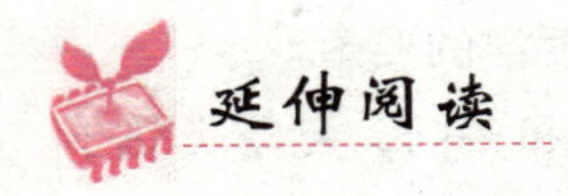

延伸阅读

海洋是如何诞生的

海洋是怎样形成的？海水是从哪里来的？对这个问题目前科学家还不能给出最后的答案。这是因为，它们与另一个具有普遍性的、同样未彻底解决的太阳系起源问题相联系着。

现在的研究证明，大约在50亿年前，从太阳星云中分离出一些大大小小的星云团块。它们一边绕太阳旋转，一边自转。在运动过程中，互相碰撞，有些团块彼此结合，由小变大，逐渐成为原始的地球。星云团块碰撞过程中，在引力作用下急剧收缩，加之内部放射性元素蜕变，使原始地球不断受到加热增温；当内部温度达到足够高时，地内的物质包括铁、镍等开始熔解。在重力作用下，重的下沉并趋向地心集中，形成地核；轻者上浮，形成地壳和地幔。在高温下，内部的水分汽化与气体一起冲出来，飞升入空中。但是由于地心的引力，它们不会跑掉，只在地球周围，成为气水合一的圈层。

位于地表的一层地壳，在冷却凝结过程中，不断地受到地球内部剧烈运动的冲击和挤压，因而变得褶皱不平，有时还会被挤破，形成地震与火山爆发，喷出岩浆与热气。开始，这种情况发生频繁，后来渐渐变少，慢慢稳定下来。这种轻重物质分化，产生大动荡、大改组的过程，大约是在45亿年前完成的。

地壳经过冷却定形之后，地球就像个久放而风干了的苹果，表面皱纹密布，凹凸不平。高山、平原、河床、海盆，各种地形一应俱全了。

在很长的一个时期内，天空中水气与大气共存于一体；浓云密布，天昏地暗。随着地壳逐渐冷却，大气的温度也慢慢地降低，水气以尘埃与火山灰为凝结核，变成水滴，越积越多。由于冷却不均，空气对流剧烈，形成雷电狂风、暴雨浊流，雨越下越大，一直下了很久很久。滔滔的洪水，通过千川万壑，汇集成巨大的水体，这就是原始的海洋。

原始的海洋，海水不是咸的，而是带酸性，又是缺氧的。水分不断蒸发，反复地成云致雨，重又落回地面，把陆地和海底岩石中的盐分溶解，不断地汇集于海水中。经过亿万年的积累融合，才变成了大体均匀的咸水。同时，由于大气中当时没有氧气，也没有臭氧层，紫外线可以直达地面，靠海水的保护，生物首先在海洋里诞生。大约在38亿年前，即在海洋里产生了有机物，先有低等的单细胞生物。在6亿年前的古生代，有了海藻类，在阳光下进行光合作用，产生了氧气，慢慢积累起的氧气在紫外线的作用下，形成了臭氧层。此时，生物才开始登上陆地。

总之，经过水量和盐分的逐渐增加，及地质历史上的沧桑巨变，原始海洋逐渐演变成今天的海洋。

大地的血脉——河流

河流是沿着地表狭长凹陷的沟道流动的天然水流。河流有大有小，一般大的叫作江、河、川，小的叫作溪、涧。大多数河流都发源于高原和山区，河水主要来自雨水、冰雪融水和地下水。河水能够直接或间接流入海洋的是外流河；不能流入海洋的是内流河。在改变地表面貌的过程中，河流起了很大的作用。一般可把河流分为上游、中游和下游三段，上游的水流速度较快，常常侵蚀地表，使那里出现狭窄陡坡，侵蚀下来的物质随水流动，被往下搬运；中、下游的水流速度缓慢，河道比较宽广，搬运下来的物质往往会沉淀下来，堆积成平原、岛屿和三角洲。河流是人类生存的重要自然资源，利用它，人们可以发展灌溉、航运和电力等事业。

亚马孙河

亚马孙河是世界上最大的河流。它位于南美洲北部，发源于秘鲁境内的安第斯山，经过哥伦比亚、巴西等国流入大西洋，全长6437千米。为什么说它最大呢？第一，它的流域面积最广，有千万条大小河流的水直接或间接地归入亚马孙河，长度超过1000千米的支流就有20多条，流域面积为705万平方千米，约占南美洲大陆面积的39%。第二，它的水量最大，平均每秒钟有12万立方米的水流过河口，在远离河口

亚马孙河

300 千米以内的海域全部是淡水的海洋，成了著名的“淡水海”。它的河口宽 250 千米，像一个喇叭口，海潮逆流而上一直可深入河流 600～1000 千米，而且波涛汹涌澎湃，景色十分壮观。当地方言“亚马孙”的意思是“湍急的波浪”，亚马孙河由此而得名。

亚马孙河风光

尼罗河

尼罗河是世界上最长的外流河。它的上源是两条河流：一条是发源于东非高原的白尼罗河，另一条是发源于埃塞俄比亚高原的青尼罗河。这两条河流在苏丹中部会合成尼罗河主流，全长 6670 千米。它从发源地到地中海入海口，干流流经布隆迪、卢旺达、坦桑尼亚、乌干达、南苏丹和埃及等国，支流还流经肯尼亚、埃塞俄比亚和刚果（金）、厄立特里亚等国的部分地区。是流经国家较多的国际河流之一。尼罗河哺育了古代埃及人民，他们因此创造了灿烂的文化，使古代埃及成为人类文化发祥地之一。

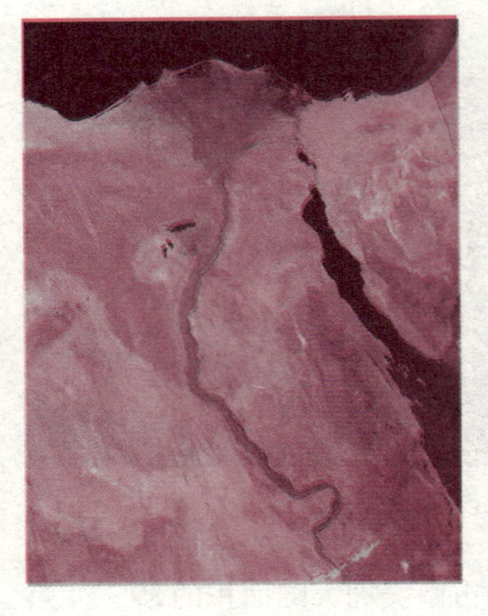

尼罗河

尼罗河流域内有热带雨林、热带草原、热带沙漠和地中海型等多种气候带。尼罗河中、上游多急滩、瀑布。历史上每年6~10月中、下游水量增大，造成涨水和泛滥；10月以后，中、下游流量减少，涨水和泛滥也就消失了。河流在泛滥时，上游大量的有机质和矿物质沉积在入海口地区，形成了尼罗河三角洲，冲积成很厚的肥沃黑土，那里盛产的长绒棉产量居世界第一位。

尼罗河沿岸风光

伏尔加河

伏尔加河是世界上最长的内陆河。它位于俄罗斯西南部，发源于莫斯科西北的瓦尔代丘陵，曲折向东南流，最后流入世界上最大的湖泊——里海。这种不流入海洋，而是流入内陆盆地湖泊（或者中途消失）的河流，叫作“内陆河”。不过人们开凿了许多运河，使它可以通向白海、波罗的海、亚速海和黑海，所以又称它为“五海之河”。伏尔加河长3530千米，拥有大小支流约200条，流域面积为136万平方千米，是欧洲最长、最大的河流。伏尔加河的水主要来自冰雪融水，所以在融雪期间河水暴涨，最大水位可上升14米，每秒钟水流量

美丽的伏尔加河

最大可达 50000 立方米。大多数河段都可以通航，是俄罗斯内河航行的干道，人们又常形象地称它为“俄罗斯的中心街道”。

长　江

长江是中国的第一大河，长度为世界第三。长江发源于青藏高原的唐古拉山主峰——各拉丹冬，这里冰川高悬，冰塔林立，冰融的水形成沱沱河，为长江的最上源。长江流经我国 11 个省、自治区和直辖市，注入东海；全长 6398 千米，沿途接纳许多支流，形成一个庞大的水系；全流域面积超过 180 万平方千米。长江的流量极大，平均每年通过江口入海的水量达 10000 亿立方米，相当于黄河的 20 倍。长江自源头至四川宜宾，长约 3500 千米，落差竟达 6000 多米，几乎占长江总落差的 90%，水力资源极为丰富。长江干支流自古以来是中国东西航运的大动脉，干支流通航里程达 7 万多千米，约占全国内河通航总里程的 2/3，形成了一个纵横相连的水运网，被称为“黄金水道”。

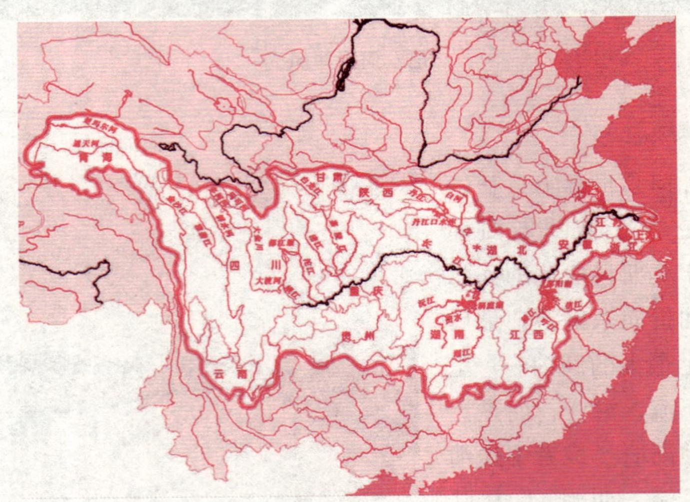

长江及长江流域地图

长江流域人口分布不均衡，人口最密集之地在华中和华东毗连长江两岸及其支流的平原，流域西部高原地区人口最为稀少。长江 3/4 以上的流程穿越山区，有雅砻江、岷江、嘉陵江、沱江、乌江、湘江、汉江、赣江、青弋江、黄浦江等重要支流，其中汉江最长。干流以北的是雅砻江、岷江、嘉陵江和汉江；干流以南的是乌江、湘江、沅江、赣江和黄浦江。

该流域是中国巨大的粮仓，产粮几乎占全国的一半，其中水稻达总量的70%。此外，还种植其他许多作物，有棉花、小麦、大麦、玉米、豆等等。上海、南京、武汉、重庆和成都等人口百万以上的大城市都在长江流域。

长江两岸风光

长江干流所经省级行政区总共有11个，从西至东依次为青海省、四川省、西藏自治区、云南省、重庆市、湖北省、湖南省、江西省、安徽省、江苏省和上海市。其支流流域还包括甘肃、贵州、陕西、广西、河南、浙江等省、自治区的部分地区。

黄　河

黄河是中国第二长河，世界第五长河，发源于青海巴颜喀拉山，支流贯穿9个省、自治区：青海、四川、甘肃、宁夏、内蒙古、陕西、山西、河南、山东。年径流量574亿立方米，平均径流深度79米。但黄河的水量不及珠江大。沿途汇集有35条主要支流，较大的支流在上游，有湟水、洮河，在中游有清水河、汾河、渭河、沁河，下游有伊河、洛河。

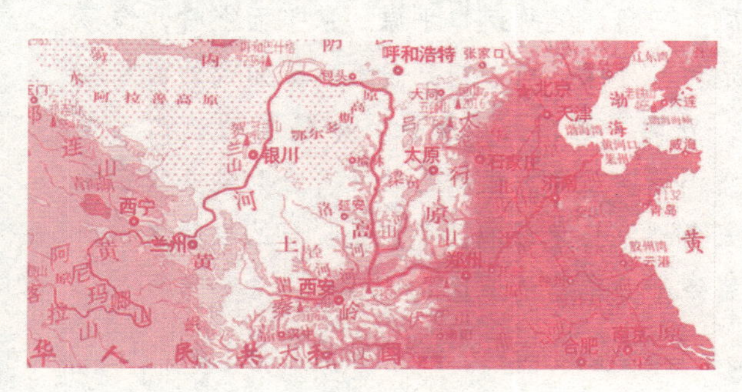

黄河地图

黄河两岸缺乏湖泊，下游流域面积很小，流入黄河的河流很少。黄河在山东省注入渤海，上、中游分界点为山西河口；中、下游分界点为河南孟津。黄河的入海口河宽1500米，一般为500米，较窄处只有300米，水深一般为2.5米，有的地方深度只有1.2~1.3米。

黄河壶口

黄河从源头到内蒙古自治区托克托县河口镇为上游，河长3472千米；河口镇至河南郑州孟津为中游，河长1206千米；桃花峪以下为下游，河长786千米（黄河上、中、下游的分界有多种说法，这里采用我国黄河水利委员会的划分方案）。黄河横贯中国东西，流域东西长1900千米，南北宽100000千米，总面积达752443平方千米。

知识点

三角洲

三角洲是河流流入海洋或湖泊时，因流速减低，所携带泥沙大量沉积，逐渐发展成的冲积平原。三角洲又称河口平原，从平面上看，像三角形，顶部指向上游，底边为其外缘，所以叫三角洲。三角洲的面积较大，土层深厚，水网密布，表面平坦，土质肥沃。如我国的长江三角洲、珠江三角洲、黄河三角洲等。三角洲根据形状又可分为尖头状三角洲、扇状三角洲和鸟足状三角洲。三角洲地区不但是良好的农耕区，而且往往是石油、天然气等资源十分丰富的地区。

延伸阅读

流经国家最多的河流——多瑙河

多瑙河是一条著名的国际河流，是世界上干流流经国家最多的一条河流。它发源于德国西南部黑林山东麓海拔679米的地方，自西向东流经奥地利、捷克、斯洛伐克、匈牙利、克罗地亚、塞尔维亚、保加利亚、罗马尼亚、乌克兰9个国家后，流入黑海。

多瑙河全长2860千米，是欧洲第二大河。多瑙河像一条蓝色的飘带蜿蜒在欧洲的大地上。多瑙河沿途接纳了300多条大小支流，形成的流域面积达81.7万平方千米，比中国的黄河流域还要大。多瑙河年平均流量为6430立方米/秒，入海水量为203立方千米。

多瑙河两岸有许多美丽的城市，她们像一颗颗璀璨的明珠，镶嵌在这条蓝色的飘带上。蓝色的多瑙河缓缓穿过市区，古老的教堂、别墅与青山秀水相映，风光绮丽，十分优美。

布达佩斯

布达佩斯被称为“多瑙河上的明珠”。它是由西岸的布达和东岸的佩斯两座城市，通过多瑙河上8座美丽的桥连为一体的。城内许多古迹多建于城堡山。城堡山是面临多瑙河的一片海拔160米的高冈，13世纪时修建的城堡围墙至今保存完好。著名的渔人堡，是一座尖塔式建筑，结构简练，风格古朴素雅。游人可以站在渔人堡的围墙上，欣赏多瑙河上的美景和佩斯的风光。

贝尔格莱德

塞尔维亚首都贝尔格莱德是个美丽的城市，它坐落在多瑙河与萨瓦河交汇处，碧波粼粼的多瑙河穿过市区，把城市一分为二。贝尔格莱德，意思是“白色之城”。贝尔格莱德附近是多瑙河中游平原的一部分，是全国最大的农业区，向有“谷仓”之称。本区生产了全国2/3的小麦和玉米，同时，还是全国甜菜、向日葵和水果的重要产地。

维也纳

蓝色的多瑙河缓缓穿过奥地利的首都维也纳市区。这座具有悠久历史的古老城市，山清水秀，风景绮丽，优美的维也纳森林伸展在市区的西郊，郁郁葱葱，绿荫蔽日。这里每年都要举行丰富多彩的音乐节。漫步维也纳街头或小憩公园座椅，人们几乎到处都可以听到优美的华尔兹圆舞曲，看到一座座栩栩如生的音乐家雕像。维也纳的许多街道、公园、剧院、会议厅等，都是用音乐家的名字命名的。因此，维也纳一直享有“世界音乐名城”的盛誉。

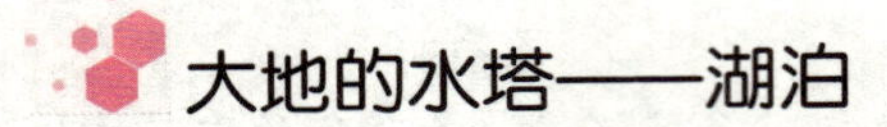

大地的水塔——湖泊

湖泊是陆地表面的洼地积水而形成的比较宽广的水域。湖泊的面积深浅是各不相同的，最大的如亚洲和欧洲之间的里海，面积约37万平方千米，小的如那些名不见经传的小池塘。湖泊是在地质、地貌、气候、流水等多种因素作用下形成的，人们常按照它的主要成因，把它们分为构造湖、火口湖、冰川湖、堰塞湖、侵蚀湖、牛轭湖、潟湖、人工湖等。有时人们只需要了解湖泊的某些情况，就按它们含盐多少，分为咸水湖和淡水湖两大类；或者按它们是否向外泄水，分为排水湖和非排水湖两类。地球上的湖泊面积约250万平方千米，只占陆地面积的1.8%，但是它能调节水量和气候，供给人们饮用水，以及可以发展灌溉、航运、养殖等，所以是人类的天然财富。

火口湖

火口湖也叫“火山口湖”，是火山口或破火山口中蓄水而成的湖泊。湖水主要来源于降水或地下水，有时也有从地下的岩浆中分离出来的水，这种水呈酸性并且有特殊的颜色。火口湖一般出现在火山的顶端，有的火口湖因火山锥受到破坏，出现在较低的地方。中国长白山、湛江湖光岩、腾冲火山群等地都有著名的火口湖。火口湖一般都较深，中国长白山高峰上的天池（中朝界湖），深373米，为世界上最深的火口湖之一。天池周围有许多由火山口壁形成的外轮山峰，天池内壁陡峭，有如鬼斧神工琢成的玉碗，池水碧蓝宛如群峰中镶嵌的一块蓝宝石。至今已知最深的火口湖是美国死火山马扎尔的山顶上的克雷特湖，深589米，就是在所有的湖泊中也算是名列前茅的。

火口湖

最高的淡水湖——的的喀喀湖

位于南美洲的秘鲁和玻利维亚交界处的的的喀喀湖，是世界上最高的淡水湖。湖面海拔 3812 米，面积 8290 平方千米，平均深度 100 米，最深处达 304 米，终年可通航，是秘鲁和玻利维亚两国的航运通道。

的的喀喀湖风光秀丽，景色宜人，是著名的游览胜地。这里还是印第安文化的发祥地之一。生活在这里的印第安人靠牧业、渔业为生，他们自古以来饲养着两种亚洲骆驼的近亲驼羊和羊驼。

最大的淡水湖群——五大湖

美国与加拿大之间的五大湖：苏必利尔湖、密歇根湖、休伦湖、伊利湖、安大略湖，是世界上最大的淡水湖群。这五大湖相依相连，享有“美洲大陆地中海”的称誉。五湖当中，以苏必利尔湖最大，面积 82410 平方千米，又是世界最大的淡水湖。它占五大湖总蓄水量的一半以上。在伊利湖与安大略湖之间还有世界著名的尼亚加拉大瀑布。此瀑布水势澎湃，景色雄伟，让人叹为观止。

该湖群地区气候温和，航运便利，矿藏丰富，是美国和加拿大经济最发达的地区之一，也是旅游度假的好地方。

世界最深的湖——贝加尔湖

位于俄罗斯东西伯利亚南部的贝加尔湖，是世界最深的湖泊，平均深度为 730 米，最深处达 1620 米，把泰山那样高的山扔在里面也露不出头。

因为湖深，所以积蓄了大量淡水，贝加尔湖是世界上容水最多的湖，蓄水量达 23000 立方千米，相当于北美洲五大湖蓄水量的总和，约占全球淡水湖总蓄水量的 1/5。这么多的水来自哪里呢？原来，共有 336 条河流注入贝加尔湖，而流出的却只有一条——叶尼塞河。

贝加尔湖鸟瞰图

令人不解的是，贝加尔湖中的许多生物，并非是一般湖泊所能具有的，如海豹、海螺、海绵、龙虾等等，均为地地道道的海生生物。这些海洋生物从何而来，至今还没有确切答案。

贝加尔湖海豹

世界上最大的湖泊——里海

里海是世界上最大的湖泊，面积约36.8万平方千米，约是世界第二大湖苏必利尔湖的4～5倍。它位于欧洲和亚洲之间，形状有点像字母“S”，南北长1200千米，东西平均宽320千米；北部水浅，约4～6米，南部水深，最深达1025米。在漫长的地质时代里，里海同黑海、地中海曾经连在一起，后来经过多次地壳运动，这里的海陆面貌发生了很大变化，高加索山和厄尔布士山在里海的西南部和南部崛起，使得里海分离成为一个内陆湖。尽管有伏尔加河、乌拉尔河等130条大小河流注入里海，但是由于这里气候炎热干燥，蒸发旺盛，所以湖面水位还是逐年下降，面积也从1929年的42.2万平方千米缩小到1980年的36.8万平方千米。不过它仍是世界

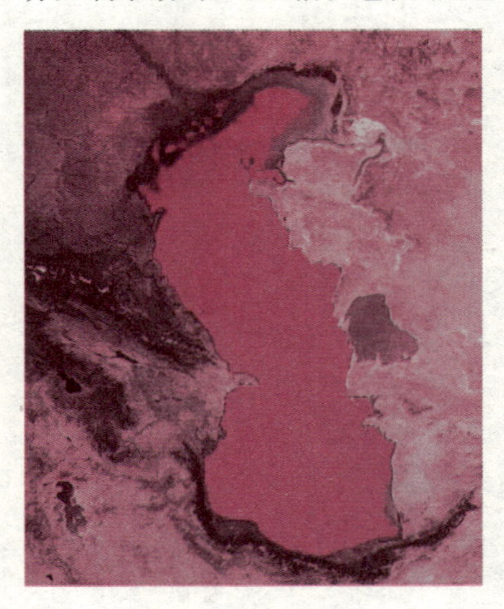

里海鸟瞰图

上最大的湖泊。

上淡下咸的湖——双层湖

双层湖是一种上层为淡水、下层为咸水的奇特湖泊。水层之间有明显的分界线，而且淡水层往往生活着淡水鱼等生物，咸水层却生活着海洋生物。例如，在美国阿拉斯加州北部的巴罗角有一个纽瓦克湖，湖水分为两层，分界线距湖面仅为 2 米。有的湖还可细分为多层，像俄罗斯北部基丁岛上的麦里其湖可分为 5 层：第一层是纯淡水，生活着淡水鱼；第二层湖水略咸，有海蜇、海虾等生长；第三层是咸水，生活着海葵、海星、海鱼等；第四层水呈红色，只有细菌存在；第五层富含硫化氢，没有生物的踪迹。科学家们认为，这些位于极地海洋附近的湖泊，原先是海湾，由于地壳上升，形成了封闭的湖泊，保留了海水和海洋生物，而极地冰雪融水汇入湖泊后，由于密度比海水小，不易和下层水溶合，所以就形成了双层湖的奇特现象。

千湖之国

千湖之国是世界上湖泊最多的国家——芬兰。它位于欧洲北部，国土大多在海拔 200 米以下，主要是起伏的冰碛丘陵和平原。全国有 6 万多个晶莹的湖泊，星罗棋布地镶嵌在芬兰大地上，总面积达 44800 平方千米，占国土面积的 1/8。在距今 200 万年前，第四纪冰川遍布北欧大陆，芬兰全部被大冰川覆盖着。冰川在重力和压力作用下，在向南移动时侵蚀了地面，使地面变得凹凸不平，到处坑坑洼洼；当气候变暖、冰川消融时，使积水形成了繁星似的冰碛湖群，所以人们就称芬兰为“千湖之国”。

中国最深的湖——长白山天池

长白山天池坐落在我国吉林省东南部，是中国和朝鲜的界湖。湖的北部在吉林省境内，是松花江、图们江、鸭绿江三江之源。因为它所处的位置高，水面海拔达 2150 米，所以被称为“天池”。长白山气势恢宏，资源丰富，景色非常美丽。长白山是一座活火山，据史籍记载，自 16 世纪以来它又爆发了三次。当火山爆发喷射出大量熔岩之后，火山口处形成盆状，时间一长，积水成湖，便成了现在的天池。而火山喷发出来的熔岩物质则堆积在火山口周围，成了屹立在四周的 16 座山峰，其中 7 座在朝鲜境内，9 座在我国境内。

长白山天池

这9座山峰各具特点，形成奇异的景观。

长白山天池是中国最深的湖泊，为1702年火山喷发后的火山口积水而成，高踞于长白山主峰（海拔2691米，为东北最高的山峰）之巅。湖面海拔2155米，面积9.2平方千米，平均水深204米。湖周峭壁百丈，环湖群峰环抱。这里气候多变，常有蒸气弥漫，瞬间风雨雾霭，宛若缥缈仙境。晴朗时，峰影云朵倒映碧池之中，色彩缤纷，景色诱人。曾盛传湖中有怪兽，轰动一时，至今仍为一谜。周围有小天池镜湖、长白温泉带等诸多胜景。

地震湖

地震湖是因地震影响而形成的湖泊，大致可分为三种类型：一是由于地震引起山崩堵塞河道成湖，常常发生在高山区域。1941年12月17日，中国台湾嘉义附近地震，当地清水溪上游，阿里山山区中的草岭发生了山崩，土石下落，将清水溪阻塞成一个容量约1000万立方米的堰塞湖。1942年8月10日，又因地震发生第二次山崩，湖堤加高，水量增至1.5亿立方米，水深达120米，成为台湾第一深湖、第三大湖。二是由于地震引起溶洞等暗藏洞穴塌陷积水成湖。这种湖泊常常发生在石灰岩广泛分布、岩溶地形发育的地区。当地下石灰岩在长期流水的溶解作用下，形成洞穴，遇到地震时，下面支撑不住上面遗留的岩层，塌陷下去成为凹地积水成湖。三是由于地震时地面形变，局部地区地势下沉较多，形成洼地蓄水成湖。例如，1906年美国旧金山发生地震后，附近形成许多小的湖泊。

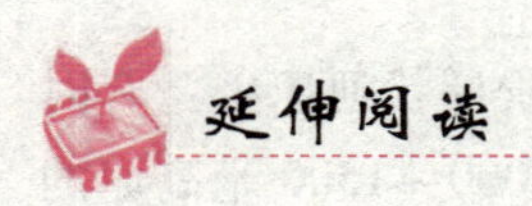

有5层湖水的麦里其湖

你见过有5层湖水，每层生长着不同生物，并且每层都不能互侵的湖吗?这个湖就是麦里其湖，它分为5层，每一层的水质、颜色和水中的生物都不相同，如果一层生物跑到别的水层中去就会无法生存。谁也不清楚为什么麦里其湖会形成如此怪异的5层湖水。

俄罗斯北部巴伦支海有一个基丁岛，麦里其湖就在这个岛上。它的面积还不到1平方千米，但平均水深却将近70米。

麦里其湖的神秘之处是，它的湖水竟然分为5层，而且每一层的水质、颜色和水中的生物都不相同。从水面向下11米是淡水层，水中生活着普通的淡水生物；接着是10米的微咸水层，这层水里的生物最多；再向下是17米的咸水层，这里的咸水鱼类生活得也很好；咸水层往下的24米水层，颜色像樱桃汁似的，里面有专门吞噬硫化氢的细菌，是它们给这层水染上了颜色；最下面的湖水中，只生活着一些厌氧细菌。

湖底淤泥中的生物残骸腐烂分解，产生出大量的硫化氢气体。5层湖水里的生物也不会跑到别的水层里去，因为各层的水质不同，它们到别的水层里无法生存。

麦里其湖为什么会形成这么奇怪的5层湖水呢?有人说是这些生物之间相互牵制，由于各自的作用维持着这个湖的系统平衡。也有人问湖水都是运动的，为什么这些生物可以不受影响呢?但是没有人知道，也没有人能够解释这一切。

跌落的河流——瀑布

瀑布是从河床陡坡或悬崖处倾泻下来的水流。流水经过河床时，侵蚀松软岩石比侵蚀坚硬岩石快得多，日积月累，便会形成阶梯状的河床，硬岩层突露于易受侵蚀的软岩层之上成为陡崖，水流便在这里陡落成为瀑布。除此之外，其他如山崩、断层、熔岩阻塞，以及冰川的侵蚀和堆积等也能造成小型的瀑布。世界上有许多处瀑布，以北美洲为最多。在阶梯状河床上，有时会出现一连串的瀑布，人们称它们为瀑布群，如发源于1000~1500米高原的刚果河，在向下降落时，由于组成河床的软硬岩层不同，形成了许多峡谷和瀑布。最著名的是基桑加尼瀑布，它由7个连续瀑布组成，绵延在赤道南北100多千米的河段上，为世界上最长的瀑布群。下游金沙萨到马塔迪一段，河水切穿刚果盆地边缘山地，一泻而下，形成长约380千米的峡谷、急流、瀑布，成为举世闻名的“32个瀑布群”。

世界最大的瀑布——基桑加尼瀑布群

在非洲的刚果（金）的刚果河的上游段，刚果河从高原突然坠落到平原，形成了世界上最长的瀑布——基桑加尼瀑布群。

基桑加尼瀑布群

基桑加尼瀑布是由许多瀑布组成的瀑布群，瀑布群分布在100千米的河道上，跨越赤道，其中有7个比较大的瀑布；南边的5个瀑布相距较近，落差也不大。最大的一个瀑布宽800米，落差50米。在下游地段又有一系列的瀑布，其中的利文斯顿瀑布，总落差有280米，这里两岸悬崖陡壁，河宽仅有400米，最窄的地方只有220米，汹涌咆哮的河水奔腾直下，气势壮观，因此蕴藏着丰富的水利资源。从动力学的观点来看，该瀑布群是个天然的发电站，每年可提供上百亿度的电力。

世界上最宽的瀑布——伊瓜苏瀑布

伊瓜苏瀑布是南美洲最大的瀑布，也是世界上最宽的瀑布。宏伟的伊瓜苏瀑布位于阿根廷和巴西交界处，呈马蹄形，宽约4千米，平均落差75米。伊瓜苏瀑布的名字来自于瓜拉尼语或图皮语，意思是“伟大的水”。据传说称，曾有位神仙打算迎娶一个美丽的当地女孩，但女孩却和她的梦中情人乘独木舟私奔。神仙一怒之下将河流截断，让这对恋人好梦难圆。伊瓜苏瀑布巨流倾泻，气势磅礴，轰轰瀑布声在25千米外都可以听见。

伊瓜苏瀑布

世界最高的瀑布——安赫尔瀑布

安赫尔瀑布是世界上落差最大的瀑布。它位于南美洲委内瑞拉东部圭亚那高原卡罗尼河支流丘伦河上。瀑布背后耸立着2500米的高峰，降水特别丰富，河水终年奔流而下，形成落差高达978米的大瀑布。瀑布被茂密的森林遮掩，适宜坐飞机在高空中欣赏，现在已开辟为旅游区。1935年美国飞行员吉米·安赫尔发现该瀑布并测出了它的高度，所以人们就用他的名字来命名它。

安赫尔瀑布

中国最大的瀑布——黄果树瀑布

黄果树瀑布是中国最大的瀑布，也是中国最美六大瀑布之一。它位于贵州省安顺市镇宁布依族苗族自治县境内的白水河上，周围岩溶广布，河宽水急，山峦叠嶂，气势雄伟，历来是连接云南、贵州两省的主要通道，现有滇黔公路通过。白水河流经当地时河床断落成九级瀑布，黄果树为其中最大一级。瀑布宽 30 米（夏季可达 40 米），落差 66 米，流量达每秒 2000 多立方米，以水势浩大著称，也是世界著名大瀑布之一。瀑布对面建有观瀑亭，游人可在亭中观赏汹涌澎湃的河水奔腾直泄犀牛潭；腾起水珠高 90 多米，在附近形成水帘；盛夏到此，暑气全消。瀑布后绝壁上凹成一洞，称“水帘洞”，洞深 20 多米，洞口常年为瀑布所遮，可在洞内窗口窥见天然水帘之胜境。

黄果树瀑布

黄果树瀑布是以当地的一种常见的植物“黄果树”而得名，以其雄奇壮阔的大瀑布、连环密布的瀑布群而闻名于海内外，十分壮丽，并且享有“中华第一瀑”之盛誉。黄果树风景名胜区位于贵州西线旅游中心安顺市西南 45 千米处，镇宁布依族苗族自治县境内，东北距贵州省会贵阳市 150 千米，有滇黔铁路、株六复线铁路、黄果树机场、320 国道、贵（阳）黄（果树）高等级公路贯通全境，新建的清（镇）黄（果树）高速路直达景区。景区以黄果树瀑布为中心，以瀑布、溶洞、地下湖为主体。

非洲最大的瀑布——莫西奥图尼亚瀑布

莫西奥图尼亚瀑布旧名“维多利亚瀑布”，是非洲最大的瀑布，由非洲的赞比西河流至赞比亚和津巴布韦交界处附近深达240多米的巴托卡峡谷，陡然下落倾泻而成。水流从122米高处倾泻下来，形成一幅宽约1800米的巨大水帘，奔腾澎湃，水花飞溅，呈现一片白茫茫的水雾，景色十分壮观。当地非洲人称它为“莫西奥图尼亚”，意思就是“霹雳之雾”。但是在1855年一个名叫利文斯敦的英国人来到这里，以为自己是第一个发现瀑布的人，竟以当时英国女皇的名字命名为“维多利亚瀑布”。独立后的赞比亚人民又恢复了它原来的名字——莫西奥图尼亚瀑布。

莫西奥图尼亚瀑布

刚果河

刚果河又称扎伊尔河，为非洲第二长河，全长约4700千米，流域面积约370万平方千米。位于中西非。上游卢阿拉巴河发源于刚果（金）沙巴高原，最远源在赞比亚境内，叫谦比西河。北流出博约马瀑布后始称刚果河。干流流贯刚果盆地，河道呈弧形穿越刚果（金），沿刚果（布）—刚果（金）边界注入大西洋。

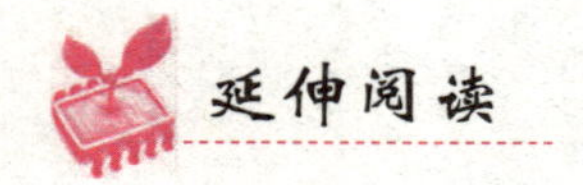

延伸阅读

神秘的“谋杀河”

哥伦比亚东部有一条河，原名为雷欧维拉力河，由于水味酸、刺激性强，人们习惯叫它“酸河”，几乎忘却了它原来的名称。

酸河是世界上罕见的。它全长580多千米，坐落在浦莱斯火山区。酸河的水分化验表明，水中约含8%的硫酸、5%的盐酸。在自然河流中，这样高的酸度真令人难以想象。酸河已成为犯罪分子利用的武器，那些被推下水的人，常常是在自己还不完全清醒发生了什么事的时候，便因呼吸窒息，内脏溃烂而丧命。所以人们也管酸河叫“谋杀河”。

不慎饮用了酸河的水，马上就会口舌溃烂，五脏受损，随之感到发热晕眩，浑身不适。因此，即使“谋杀河”没有设下罗网，只是小小地“招待”一下，任何人也会消受不起的。

酸河的酸味是怎样产生的？酸度为什么这样高呢？地质学家探测、研究了酸河的河床。他们发现，河底部分布着不计其数的深长穴道，直通火山区。估计河水酸度是火山喷发形成的易溶解硫酸类物质的溶液，再加上硫化氢气体在水中溶解所致。但是，这种观点不能解释火山不再喷发时，流淌不息的酸河依旧能维持8%的硫酸浓度、5%的盐酸浓度。况且，依靠狭长的穴道溶解和传送酸性物质，在传送速度、浓度上都应该受到限制。酸河的酸度是由什么原因形成的，还有待于人们去揭秘。

水中的陆地——岛屿

岛屿是和大陆相比面积较小、四周环水的陆地。它们位于海洋、河流和湖泊当中。有的是由于河流所搬运的泥沙堆积而成的，称为堆积岛，例如长江口的崇明岛；有的本来是大陆的一部分，后来由于地壳运动或海水的侵蚀而分裂出去，称为大陆岛，如台湾岛；有的则是由于海底火山的爆发、海底的隆起等作用在大洋中生成的，称为大洋岛，如夏威夷群岛。岛屿的面积大小不一，一般大的称为岛，小的称为屿。世界上第一大岛是北美洲的格陵兰岛，面积为217万平方千米，而有些小的岛屿则不到1平方千米。据统计，全世界约有岛屿5万个以上，面积约为997万平方千米，占地球陆地面积的1/15。它们像一颗颗明珠，镶嵌在碧波如茵的江河湖海中，不少岛屿风光独特，是令人神往的旅游胜地。

在大陆和海洋交界的地方，许多岛屿和群岛呈弧形分布或延伸，人们称它为岛弧。岛弧是世界上地震最多的区域。岛弧的岛屿大多由火山岩组成，有的岛弧上还有活火山在喷发。海洋中有许多岛弧，如太平洋西海岸的千岛岛弧、日本岛弧、琉球岛弧、台湾—菲律宾岛弧等，地球上所有的岛弧加起来约有4万多千米长，差不多可以绕地球一周。

大洋岛

大洋岛是分布在海洋中的地质构造和大陆无关的岛屿。有的大洋岛是由海底火山喷发的熔岩聚集而成的火山岛，这种熔岩有的呈红色，有的呈黑色，但一般都披上了翠绿的植物；也有的正在喷发，冒着浓烟和岩浆，在远处还可以听到隆隆的声音；有的是由珊瑚礁组成的珊瑚岛，一片银白色，在阳光的照射下闪闪发光，十分壮丽；有的大洋岛下部是火山岛，上部是珊瑚礁，就像一个火山岛上戴了一顶帽子，十分奇特；还有的是由于海底地壳的隆起而形成的。大洋岛对人类说来是不可缺少的，有的国家就是由若干个大洋岛组成的，如太平洋中的汤加、斐济等国都拥有几十个大洋岛；印度尼西亚有“千岛之国”之称，拥有的大洋岛就更多了。

世界第一大岛——格陵兰岛

北美洲东北部的格陵兰岛是世界第一大岛，冰雪最多，也是储冰量最大的岛。全岛84%的面积被冰川覆盖，冰层平均厚1500米，最厚达3411米。冰的总体积达260万立方千米，如果这些冰全部融化，世界海面将要上升5~6米。它像是一个巨大的冰库，现在已有人在这里开采冰块，供人们食用。格陵

格陵兰岛

兰还是世界最大的“冰山工厂”，每年有几千座冰山从这里漂向周围大洋。浮动的冰山对海上航运是个巨大的威胁。1912年，英国万吨大客船“泰坦尼克”号首次航行，在格陵兰南部海面与冰山相撞，造成1500多人葬身大海的空前惨剧。

格陵兰岛的冰川

“格陵兰”原意为“绿色土地”，可是这里常年披着银装，实际可算是仅次于南极大陆的第二大冰库。格陵兰虽然是冰雪世界，但并不是毫无生机。在该岛的沿海处有一条狭窄无冰区，每到夏天，这一带会出现一片绿色。岛上生活着驯鹿、北极熊、北极狐和海豹等动物。近海还有鲸、鳕鱼、沙丁鱼、比目鱼、虾等。岛上生活着5万多居民，其中1/3以渔业为生。

有趣的肥皂岛——阿罗丝安塔利亚岛

所谓的“肥皂岛”是地中海希腊东侧的爱琴海中的阿罗丝安塔利亚岛。每当大雨滂沱的时候，整个岛就像沉浸在白色泡沫之中。这是怎么回事呢？原来这是岛上岩石造成的。岛上的岩石中含有大量碱性物质，就像肥皂一样，遇到水便起泡沫。在这个岛上，如果你要洗手、洗澡和洗脏东西，只要抓一把岛上的土或拿一块岛上的石头在手上搓一搓，就可以把东西洗得干干净净，整个岛就像一块天然大肥皂，所以人们称它为“肥皂岛”。

泉水之岛——牙买加岛

泉水之岛指的是加勒比海中的牙买加岛。牙买加在印第安的阿拉瓦克族语中为“泉水之岛”。这个岛有11400多平方千米，是个多山之岛。该岛东部有蓝山山脉，中部和西部为起伏的丘陵和石灰岩高原。岛上几乎到处都是清泉，淙淙泉水从山间谷地、崖壁裂缝中流出，清泉四溢，瀑布长流，清泉汇流成川涧，河流再流入海中，为牙买加秀丽的风景增添姿彩。这里的泉水多，主要与岛上的岩石为石灰岩有关，加上年降雨量在800毫米以上，雨水使石灰岩溶蚀成无数溶洞，其中充满了大量淡水，当岩层受到压力挤压而出现缺口时，泉水就哗啦哗啦地流出来。

神奇的沙漠岛

沙漠岛是太平洋西侧马绍尔群岛北部的一个奇特小岛。远远望去它比周围其他的岛要低一些，黄澄澄的颜色，岛上长着稀疏的覃木，全岛坦荡平旷，原来这个岛是被风沙覆盖的，所以大家称它为沙漠岛。岛上人迹罕至，只有过往的飞鸟在这里做短暂的栖息。沙漠岛的形成与岛的位置有关，它在马绍尔群岛北侧，这里主要刮东南风和西南风，风把马绍尔群岛南部诸岛上的沙尘刮向北方，正好在这个岛的位置停积下来，久而久之，整个岛原来的岩石面貌被风沙掩盖了起来，沙在岛上堆积起来，便成了名副其实的沙漠岛。

1918 年，一群水手从船上登上该岛，潜伏在沙下的毒蛇嗅到人味，突然钻出来，竟把水手咬死，后来有人在岛上竖起一块牌子，警告人们不要再登上此岛。

盐岛——奥尔木兹岛

盐岛是波斯湾中的奥尔木兹岛。它是一个洁白的小岛，岛上没有绿色的草木，在太阳光照射下，白闪闪、亮晶晶地发着光。到岛上仔细一看，原来整个岛是由盐堆成的。岛高出海面 90 米，环岛一周有 30 千米。这个盐岛是怎样形成的呢？原来，一般海洋的海水中溶解有 34‰的盐类，而波斯湾中，由于气候炎热、少雨、海水蒸发量大，海水中溶解的盐分也比较高，可高达 40‰以上，比较容易结晶。在深度较浅的海区，盐在海底逐渐堆积，经过一段较长的时间，海盐由海底一个盐丘扩大为海面上的一个小岛，这个盐岛目前还在不断扩大和长高。

冰与火的世界——冰岛

冰岛是欧洲西北、大西洋北部的岛国。它的形成与大西洋中脊的产生有关，是一个由玄武岩构成的熔岩高原。也就是说，冰岛是火山爆发的产物。这里火山活动异常剧烈，大约每隔 5 年就有一次剧烈的火山爆发，喷发后的熔岩在岛上横流，那里的许多高山和平原都是由熔岩冷却堆积而形成的。

冰岛靠近北极圈，气候寒冷，年平均气温不到 5℃，岛上有 13% 的地方

冰岛风光

常年被冰雪所覆盖，“冰岛”也由此而得名。

冰岛以高原为主，平原仅占总面积的7%。高原以陡坡形式直逼海岸或倾入沿海平原。高原上岩面裸露，穹隆形火山与波状冰蚀地貌相辉映，许多火山覆盖着现代冰川，构成了一幅美丽奇特的冰与火的世界。冰岛上多温泉、瀑布等，沿海是著名的渔场。全岛属于冰岛共和国的领土。

“人丁兴旺”的群岛——马来群岛

地处太平洋和印度洋之间的马来群岛，南北长3500千米，东西宽4500千米，由大小2万多个岛屿组成，总面积达255万平方千米，居住人口达2亿。在全球诸群岛中，岛数、面积、人口均居世界第一。在这2万多个岛屿中，有名挂姓的岛仅占1/5，其余均属“无名小卒”；有人居住的岛，只占1/10，绝大部分属于“无人岛”。

马来群岛上山岭很多，地形崎岖，由于群岛位于亚欧板块和印度洋板块交界处，地壳很不稳定，常有火山活动和地震现象。火山爆发会给附近居民造成巨大灾难，但是，却有很多农民搬到火山口附近去居住、种地。因为火山喷出的火山灰形成了肥沃的土壤，在这里种地，庄稼长得特别好，而火山爆发则是百年不遇的事，所以他们宁肯冒险前去居住。

最大的半岛——阿拉伯半岛

阿拉伯半岛南靠阿拉伯海，东临波斯湾、阿曼湾，北部以亚喀巴湾—阿拉伯河口一线为界与亚洲大陆相连。半岛南北长约2240千米，东西宽约1200~1900千米，总面积达322万平方千米，是世界最大的半岛。

这里气候炎热干燥，沙漠广布，沙漠面积约占总面积的1/3。半岛南部的鲁卜哈利沙漠，是世界上最大的流动性沙漠，沙漠腹地人迹罕至。

阿拉伯半岛卫星图

阿拉伯半岛及附近的海湾中蕴藏着丰富的石油和天然气，岛上许多国家都以此为经济支柱。其中沙特阿拉伯是世界上生产石油最多的国家，被称为“石油王国”。

中国第一大岛——台湾岛

台湾岛位于东海与南海之间，与福建省遥遥相对，是我国第一大岛。台湾岛形似纺锤，南北长约380千米，东西宽20～150千米，面积约36000平方千米，比我国第三大岛崇明岛大近33倍。台湾岛西距大陆最近的距离（自台湾新竹至福建的平潭）只有130千米。

台湾岛上山地分布很广，约占全岛面积的2/3。纵贯全岛中部和东部的台湾山脉，又称中央山脉，把全岛分成东西两部分，习惯上称作东台湾和西台湾。岛上3000米以上的山峰有62座，最高峰玉山海拔3950米，是我国东南半壁的第一高峰。岛上的大小河流有150多条，大多数发源于中央山脉，向四方分流入海，短而急促，水力资源非常丰富。西部是肥沃的冲积平原，盛产稻米，有“米仓”之称。

台湾岛卫星图

台湾岛上气候温暖湿润，广大山区森林密布，森林面积约占全岛面积的2/3，树种很多，是亚洲有名的天然植物园。其中以樟树最为著名，樟脑产量居世界首位。台湾岛是祖国富饶的宝岛，除稻米、森林以外，还大量出产甘蔗、茶和水果。

台湾是一个景色诱人的岛屿。阿里山区风景秀丽，林木参天，云海翻滚，

引人入胜，是一个巨大的天然公园。著名的日月潭位于台中市东南约 80 千米处，水深约 18 米，潭水清澈，四周山上树木苍郁，景色优美如画，是台湾主要的风景区之一。

台湾是祖国不可分割的领土，台湾回归祖国的日子一定会到来。

知识点

海底火山

所谓海底火山，就是形成于浅海和大洋底部的各种火山。包括死火山和活火山。地球上的火山活动主要集中在板块边界处，而海底火山大多分布于大洋中脊与大洋边缘的岛弧处。板块内部有时也有一些火山活动，但数量非常少。海底火山可分三类，即边缘火山、洋脊火山和洋盆火山，它们在地理分布、岩性和成因上都有显著的差异。海底火山喷发时，在水较浅、水压力不大的情况下，常有壮观的爆炸，这种爆炸性的海底火山爆发时，产生大量的气体，主要是来自地球深部的水蒸气、二氧化碳及一些挥发性物质，还有大量火山碎屑物质及炽热的熔岩喷出，在空中冷凝为火山灰、火山弹、火山碎屑。地中海就曾借助火山灰出现过“火山岛”。

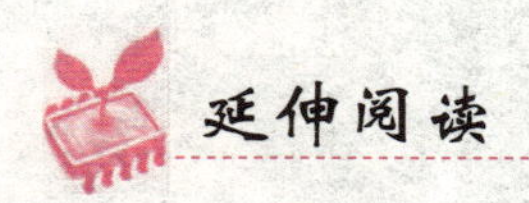

延伸阅读

时隐时现的幽灵岛

岛屿被人们称为海上的“绿洲”。远洋的水手看到岛屿，就会忘掉疲劳和烦恼，马上有了甜蜜和安全感，他们可以停泊休息或者补充必需的给养，岛屿使他们喜悦和精神振奋。

然而，有一些岛屿带给航行者的却是失望和迷惑不解。它们惊天动地地诞生，悄无声息地消失。时而出现，时而消失，这就是人们所说的“幽灵岛”。

1831 年 7 月 10 日，一艘意大利船途经西西里岛附近，船长发现位于东经12°42′15″、北纬37°1′30″的海面上海水沸腾，喷涌起一股高20多米的水柱，直径大约200米，随即水柱变成了一团弥漫的烟雾，巨大的烟柱升腾到500多米的高空，扩展到整个海面上。船长不知道发生了什么事情，睁大眼睛警惕地注视着海面。8天后，这位船长又经过这一海域，发现有一个从未见过的小岛出现在海面上，岛高3米左右，中央部位仍在喷出巨大的蒸气柱和碎屑物质，海面上漂浮着大量的红褐色石块和死去的鱼。

同年8月4日，这座小岛已经增高到60多米，好奇心驱使些人冒着灼热的蒸气上岛考察。他们发现岛上既无生命现象，也没有常见的贝壳、海藻等生物，浮石、火山渣和纺锤形的火山弹等物质覆盖了整座小岛。时间过去了半个月，法、英、德等国先后派出地质学家、航海家前去考察，并为小岛起了许多名字，“费迪南德岛”便是其中的一个。英王匆匆宣布该岛属于英国所有。

正当人们忙于测量、命名，将其画入海图，准备用于军舰、渔船碇泊或者开垦、居住之时，大自然与人们开了个不小的玩笑。到9月29日，也就是小岛出现后的一个多月，小岛已经缩小得只有原来的1/8，又过了两个月，小岛在海面上已经杳无踪影了。

随着时间的推移，这座小岛曾一再出现和消失，最后一次浮到海面上来的时间，大约是1950年。

海上的走廊——海峡

海峡是在两陆地之间或陆地与岛屿之间连接两个海洋的一些狭窄水道。如中国的渤海与黄海之间有渤海海峡，东海与南海间有台湾海峡，台湾与菲律宾间有巴士海峡。全世界海洋中有上千个宽窄不同、长短不一的海峡。位于非洲大陆与马达加斯加岛之间的莫桑比克海峡是世界上最长的海峡，全长1670千米，平均宽度为450千米。海峡是海上交通的重要通道，在经济和军事上具有重要地位，通过海峡可以从一个海区到另一个海区。世界上可通航的海峡大约有130多个，其中位于欧洲大陆和大不列颠岛之间的多佛尔海峡和英吉利海峡是世界上最繁忙的海峡，每年通过的船舶多达12万艘次。20世纪60年代以来，随着极地考察、深海石油的开发，有些过去较不为人知的海峡也开始活跃起来。

世界上最长的海峡——莫桑比克海峡

莫桑比克海峡全长1670千米，呈东北斜向西南走向。它是西印度洋的一条水道，东为马达加斯加岛，西为莫桑比克。海峡两端宽中间窄，平均宽度为450千米，北端最宽处达到960千米，中部最窄处为386千米。峡内大部分水深在2000米以上，在北端与南端超过3000米，中部约2400米，最大深度超过3500米，深度仅次于德雷克海峡和巴士海峡。

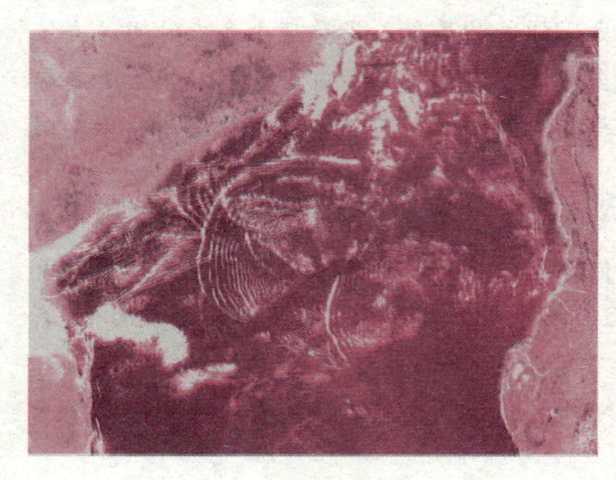

莫桑比克海峡

峡内海水表面年平均温度在20℃以上，炎热多雨，夏季时有因气流交汇而产生的飓风。由于水深峡阔，巨型轮船可终年通航。海峡盛产龙虾、对虾和海参，这些海产品以其肉质鲜嫩肥美而享誉世界市场。这里因莫桑比克暖流南下，气候湿热；多珊瑚礁；赞比西河从西岸注入。这里是南大西洋同印度洋间的航运要道，两岸有贝拉、马普托、马任加等港口。

海峡两岸地形复杂。马达加斯加岛的西北岸为基岩海岸，蜿蜒曲折，穿插着珊瑚礁和火山岛。莫桑比克北部海岸，为犬齿形侵蚀海岸。由此往南，海峡两岸都为沙质冲积海岸，发育着沙洲和河口三角洲，唯独赞比西河口两侧，为红树林海岸。

最宽最深的海峡——德雷克海峡

位于南美洲南端和南极洲的南设得兰群岛之间的德雷克海峡，连接着太平洋和大西洋。它东西长约300千米，南北宽达970千米，是世界上最宽的海峡。

德雷克海峡的最大深度可达到5248米，如果把3座泰山叠放到此处，也不会露出山头。德雷克海峡又是世界上最深的海峡。

德雷克海峡是世界各地通往南极地区的要道，但由于海峡中常常漂浮着来自南极大陆的冰山，给海上航行造成了很多困难。

运输最繁忙的海峡——英吉利海峡

英吉利海峡是大西洋的狭长海湾，分隔英格兰南部海岸和法国北部海岸。法语名意为“袖子”，指其形状自西向东渐窄，最宽处约 180 千米，最狭处 34 千米。英吉利海峡东端有多佛海峡接北海。面积约 75000 平方千米，在欧洲大陆棚的浅海中最小，平均深度由 120 米向东递减至 45 米。对历史上由欧洲入侵英国的人来说，英吉利海峡是通道也是障碍，这使之成为早期详尽的水道测量中的重要地区，其海底是全世界探勘最频繁的海床。近岸边的海底陡降十分厉害，西部通常平坦，东部起伏。约 4000 万年前形成的英吉利海峡在科学研究上有其显著特色，尤其是关于强大潮汐的影响。

远东十字路口——马六甲海峡

马六甲海峡是连接安达曼海（印度洋）和南海（太平洋）的水道，西岸是印度尼西亚的苏门答腊岛，东岸是西马来西亚和泰国南部，面积为 65000 平方千米。马六甲海峡因在马来西亚海岸上的贸易港口马六甲而得名，该城在 16 ~ 17 世纪时即是重要的港埠。

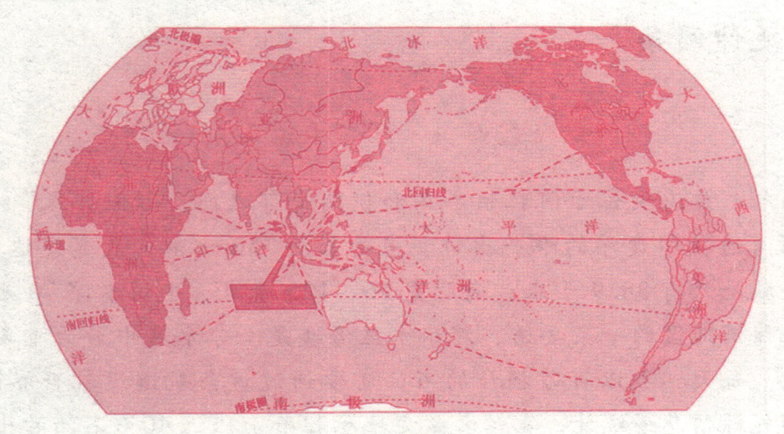

马六甲海峡

马六甲海峡呈东南—西北走向。海峡全长约 1080 千米，西北部最宽达 370 千米，东南部最窄处只有 37 千米，水深 25 ~ 150 米，是连接沟通太平洋与印度洋的国际水道，也是亚洲与大洋州的十字路口。

马六甲海峡现由新加坡、马来西亚和印度尼西亚三国共管。海峡处于赤道无风带，全年风平浪静的日子很多。海峡底质平坦，多为泥沙质，水流平缓。

马六甲海峡东端有世界大港新加坡港，海运繁忙，每年约有10万艘船只（大多数为油轮）通过海峡。日本从中东购买的石油，绝大部分都是通过这里运往国内的。

马达加斯加岛

马达加斯加岛位于非洲大陆的东南海面上，为仅次于格陵兰、新几内亚（也称伊里安）和加里曼丹的世界第四大岛，隔莫桑比克海峡与非洲大陆相望，最近距离为386千米。面积为62.7万平方千米。马达加斯加岛是向西倾斜而多山的陆块。岛的形状呈狭长形，南北窄、中部宽，全境最宽处达576千米，海岸线总长3991千米。

延伸阅读

战略咽喉——霍尔木兹海峡

霍尔木兹海峡位于阿拉伯半岛和伊朗南部之间，形似“人”字形，是波斯湾通往印度洋的唯一出口。东西长约150千米，最宽处达97千米，最狭处只有38.9千米；南北宽56~125千米，平均水深70米。作为通往海湾地区的一条要道，霍尔木兹海峡是全球水域中最为重要的一条航道。每天，数以百万桶计的石油都要通过这条航道运往世界各地。据美国能源信息署统计，霍尔木兹海峡承担着全球近40%石油的出口供应。平均每5分钟就有一艘油轮进出海峡。作为世界最大的液化天然气出口国，卡塔尔每年需要通过霍尔木兹海峡向亚洲和欧洲等国出口3100万吨液化天然气。而海湾地区产油国90%以上的原油都需要通过这条航道向外出口。而根据美国能源信息署的预计，到2020年，每天由霍尔木兹海峡经过的原油将翻倍，达到每天3000万～4000万桶。不仅如此，霍尔木兹海峡对于美国还有着特别重要的意义。除去原油因素，美军还必须依靠霍尔木兹海峡向伊拉克以及其他海湾地区国家输送武器弹药和部队供给。因此，美军中央司令部的主要任务之一，就是保障海湾地区原油和能源供应渠道的畅通。

霍尔木兹海峡自古就是东西方国家间文化、经济、贸易的枢纽，是波斯湾石油通往西欧、美国、日本和世界各地的唯一海上通道，被称为世界重要的咽喉，具有十分重要的经济和战略地位。

大地的伤疤——峡谷

峡谷，一般是深度大于宽度的谷坡陡峻的谷地。峡谷是两旁都夹峙着陡峭高耸岩壁的河谷。河流在山区里蜿蜒而过，挟带的泥、沙、碎石随着水流而前进，对河底进行着强烈的侵蚀和冲刷，使河谷不断地变深，加上地壳的上升，于是就形成了峡谷。中国的雅鲁藏布大峡谷，全长496.3千米，最深为6009米，是全球第一大峡谷。许多峡谷都是有名的旅游风景区，雄壮险丽的景色，令人流连忘返。

北美洲最长的峡谷——科罗拉多大峡谷

科罗拉多大峡谷是北美洲最长的河流峡谷，长达446千米。它位于美国西南部亚利桑那州科罗拉多高原上。由于地壳的缓慢抬升和科罗拉多河的不断侵蚀、切割，约经过3000万年的时间，最后形成了闻名世界的大峡谷，现在峡谷的最深处已达1830米。科罗拉多河现在仍在不断侵蚀峡谷，将使峡谷变得越来越深，越

科罗拉多大峡谷

来越宽。据推算，峡谷仍以每70年冲蚀1厘米的速度在发展。科罗拉多大峡谷的奇特之处，不单在它的蜿蜒曲折，呈下窄上宽的“V”字形，而且各个地质时期的岩层从顶部到谷底，由新到老依次排列，峡谷的两壁在阳光的照射下显示不同的色彩。这里不仅是地质学家研究地球历史的好地方，也是令人向往的旅游区，现已辟为美国国家公园。

长江三峡

长江三峡，是中国十大风景名胜之一，中国40佳旅游景观之首。三峡位于中国的腹地，属亚热带季风气候区，是瞿塘峡、巫峡和西陵峡三段峡谷的总称。它西起重庆市奉节县的白帝城，东至湖北省宜昌市的南津关，跨奉节、巫山、巴东、秭归、宜昌五县市，长204千米。也就是常说的“大三峡”。

长江三峡

除此之外还有大宁河的“小三峡”和马渡河的“小小三峡”。这里山势雄奇险峻，江流奔腾湍急，峡区礁滩接踵，夹岸峰插云天，是闻名遐迩的游览胜地。自古就有“瞿塘雄，巫峡秀，西陵险”的说法。长江三峡，地灵人杰。这里是中国古文化的发源地之一，著名的大溪文化，在历史的长河中闪耀着奇光异彩；这里，孕育了中国伟大的爱国诗人屈原和千古名女王昭君；青山碧水，曾留下李白、白居易、刘禹锡、范成大、欧阳修、苏轼、陆游等诗圣文豪的足迹，留下了许多千古传诵的诗章；大峡深谷，曾是三国古战场，是无数英雄豪杰驰骋用武之地；这里还有许多著名的名胜古迹，白帝城、黄陵庙、南津关……它们同这里的山水风光交相辉映，名扬四海。

奇特的幻影谷

幻影谷是非洲北部阿尔及利亚的一个奇特峡谷。当你停留在峡谷入口处时，奇迹就发生了：你坐在石块上休息，在离你约50米的地方也有一个人端坐在石块上；当你惊奇地站起来时，他也站起来；你走过去，他也向你走过来；你伸出右手，他也伸出右手。总之，你做什么动作，他也跟着做什么动作。其实，他就是你自己的影子。但当你走近到一定的距离时，影子就消失了。这是由于峡谷里的空气受热不一样，造成了地区性空气密度的不同，当光穿过这些空气时，会产生不同的折射，于是就形成了这种奇特现象。

金沙江

金沙江是中国长江的上游，发源于青海境内唐古拉山脉的格拉丹冬雪山北麓，是西藏和四川的界河。长江江源水系汇成通天河后，到青海玉树县境进入横断山区，开始称为金沙江。金沙江流经云南高原西北部、川西南山地，到四川盆地西南部的宜宾接纳岷江为止，全长2316千米，流域面积34万平方千米。由于流经山高谷深的横断山区，水流湍急，向东南奔腾直下，至云南省丽江市石鼓附近突然转向东北，形成著名的虎跳峡，虎跳峡两岸山岭与江面高差达2500～3000米，是世界最深峡谷之一。

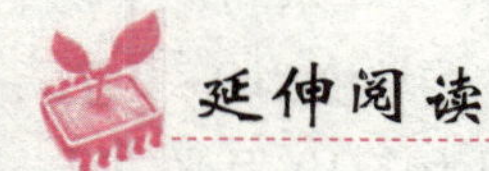

人类最后的秘境——雅鲁藏布大峡谷

雅鲁藏布大峡谷是世界第一大峡谷，于1992年向世界公布。由于高峰和峡谷咫尺为邻，几千米的强烈地形反差，构成了堪称世界第一的壮丽景观。雅鲁藏布大峡谷平均海拔3000米以上，长达496.3千米，长度超过曾号称世界之最的美国克罗拉多峡谷（长440千米），深度也超过了曾号称世界之最的秘鲁科尔多峡谷（深3200米左右）。这里汇集了许多生物资源，也堪称世界之最。

雅鲁藏布大峡谷核心无人区河段的峡谷河床上有罕见的四处大瀑布群，其中一些主体瀑布落差都在30～50米。大峡谷里最险峻、最核心的地段是从白马狗熊往下长约近百千米的河段，峡谷幽深，激流咆哮，至今还无人能够通过，其艰难与危险，堪称“人类最后的秘境”。由于雅鲁藏布大峡谷环境恶劣、灾害频繁，构成人们很难跨越的屏障和鸿沟，其落后与闭塞，使墨脱成了高原上的“孤岛”、远离现代社会的“世外桃源”，至今少有人涉足。

雅鲁藏布大峡谷怀抱南迦巴瓦峰地区的高山峻岭，冰封雪冻，它劈开青藏高原与印度洋水汽交往的山地屏障，像一条长长的湿舌，向高原内部源源不断输送水汽，使青藏高原东南部由此成为一片绿色世界。峡谷具有从高山冰雪带到低河谷热带季雨林等9个垂直自然带，麇集了多种生物资源，包括青藏高原已知高等植物种类的2/3，已知哺乳动物的1/2，已知昆虫的4/5，以及中国已知大型真菌的3/5，堪称世界之最。

大陆架和大陆坡

大陆架

大陆架范围自海岸线（一般取低潮线）起，向海洋方面延伸，直到海底坡度显著增加的大陆坡折处为止。陆架坡折处的水深在20～550米间，平均为130米，也有把200米等深线作为陆架下限的。大陆架平均坡度为0～0.7，宽度不等，在数千米至1500千米之间。全球大陆架总面积为2710万平方千米，约占海洋总面积的7.5％。陆架地形一般较为平坦，但也有小的丘陵、盆地和沟谷；上面除局部基岩裸露外，大部分地区被泥砂等沉积物所覆盖。大陆架是大陆的自然延伸，原为海岸平原，后因海面上升之后，才沉溺于水下，成为浅海。

大陆架是地壳运动或海浪冲刷的结果。地壳的升降运动使陆地下沉，淹没在水下，形成大陆架；海水冲击海岸，产生海蚀平台，淹没在水下，也能形成大陆架。它大多分布在太平洋西岸、大西洋北部两岸、北冰洋边缘等。如果把大陆架海域的水全部抽光，使大陆架完全成为陆地，那么大陆架的面貌与大陆基本上是一样的。在大陆架上有流入大海的江河冲积形成的三角洲。在大陆架海域中，到处都能发现陆地的痕迹。泥炭层是大陆架上曾经有茂盛植物的一个印证。泥炭层中含有泥沙，含有尚未完全腐烂的植物枝叶，有机物质含量极高。黑色或灰黑色泥炭可以作为燃料而熊熊燃烧。在大陆架上还能经常发现贝壳层，许多贝壳被压碎后堆积在一起，形成厚度不均的沉积层。大陆架上的沉积物几乎都是由陆地上的江河带来的泥沙，而海洋的成分很少。除了泥沙外，永不停息的江河就像传送带，把陆地上的有机物质源源不断地带到大陆架上。大陆架由于得到陆地上丰富的营养物质的供应，已经成为最富饶的海域，这里盛产鱼虾，还有丰富的石油天然气储备。大陆架并不是永远不变的，它随着地球地质演变，不断产生缓慢而永不停息的变化。

大陆架有丰富的矿藏和海洋资源，已发现的有石油、煤、天然气、铜、铁等 20 多种矿产；其中已探明的石油储量是整个地球石油储量的 1/3。大陆架的浅海区是海洋植物和海洋动物生长发育的良好场所，全世界的海洋渔场大部分分布在大陆架海区。还有海底森林和多种藻类植物，有的可以加工成多种食品，有的是良好的医药和工业原料。这些资源属于沿海国家所有。

大陆坡

大陆坡介于大陆架和大洋底之间，大陆架是大陆的一部分，大洋底是真正的海底，因而大陆坡是联系海陆的桥梁，它一头连接着陆地的边缘，一头连接着海洋。大陆坡虽然分布在水深 200 ~ 2000 米的海底，但是大陆坡地壳上层以花岗岩为主，通常归属于大陆型地壳，只有极少部分归属于过渡性地壳。

大陆坡坡脚以外的深海大洋地壳以玄武岩为主，那里才是典型的大洋型地壳，因而大陆坡坡脚是大陆型地壳与大洋型地壳的真正分界线。

大陆坡坡度多为 3° ~ 6°，1800 米深度以上的平均坡度为 417′。在大西洋型大陆边缘，陆坡常随水深增大而变缓、下延至海沟；在太平洋型大陆边缘，陆坡常随水深增大而变陡，下延至海沟。太平洋陆坡平均坡度 520′，大西洋陆坡平均坡度 305′，印度洋陆坡平均坡度 255′。大型三角洲外侧的坡度最小，平均仅1.3。珊瑚礁岛外缘的陆坡最陡，最大坡度可达45°。

大陆坡可以是单一斜坡，也可呈台阶状，形成深海平坦面或边缘海台。陆坡被沟谷刻蚀，加上断层崖壁滑塌作用形成的陡坎及底辟隆起等，导致坡形十分崎岖。

大陆坡底质以泥为主，还有少量砂砾和生物碎屑。沉积物比相邻的陆架和陆隆沉积物细，但在冰期海平面下降期间，大部分大陆架出露为陆，河流向前推进到陆坡顶部附近入海，使陆坡上粗粒沉积物增多。在与山脉海岸相邻的狭窄陆架外的陡坡上，常见岩石露头。陆坡沉积物主要是陆源碎屑，也有生物与化学作用形成的沉积物。

大陆坡基底为变薄的大陆型地壳。拖网和钻探在陆坡区发现了花岗岩；地震测量显示，陆坡下部花岗岩层向大洋一侧逐渐变薄以至尖灭；陆坡上还有褶皱、断裂构造，一些陆上构造线可延伸至陆坡。

大陆坡是轻而浮起的大陆和重而深陷的洋底之间的接触过渡地带。随着大陆裂开，其间形成狭窄的幼年海洋。根据地壳均衡原理，新生洋壳的高程应明显低于两侧大陆，在大陆与新洋底之间必然形成陡峭的新生陆坡。

大陆架和大陆坡

大西洋型大陆边缘的陆坡，就曾是中生代以来联合古陆破裂形成的地块边壁，此后在海底扩张、大陆漂移和边缘下沉的过程中，经长期侵蚀沉积作用进一步塑造而成。生成不久，尚未为外力作用强烈改造的陆坡，沉积盖层微薄构造地形与火山地形十分显著，坡度较陡。发育成熟的大西洋型陆坡，不规则的原始地形被巨厚沉积层覆盖，坡度平缓。

在太平洋型大陆边缘，陆坡的发育与板块的俯冲或仰冲作用有关，陆坡下部可有俯冲刮削作用形成的增生混杂岩体褶皱、断裂明显，地形十分复杂。

玄武岩

玄武岩是一种基性喷出岩，矿物成分主要由基性长石和辉石组成，次要矿物有橄榄石、角闪石及黑云母等。岩石均为暗色，一般为黑色，有时呈灰绿以及暗紫色等。呈斑状结构，气孔构造和杏仁构造普遍。玄武岩是地球洋壳和月球月海的最主要组成物质，也是地球陆壳和月球月陆的重要组成物质。玄武岩密度为 $2.8g/cm^3 \sim 3.3g/cm^3$，致密者压缩强度很大，可高达 300MPa，有时更高，存在玻璃质及气孔时则强度有所降低。玄武岩耐久性甚高，节理多，且节理面多呈六边形。且具脆性，因而不易采得大块石料，由于气孔和杏仁构造常见，虽玄武岩地表上分布广泛，但可做饰面石材的不多。

延伸阅读

南海问题缘何而来

大陆架和大陆坡归属问题一直是世界各个沿海国家利益争端的热点，特别是在东南亚地区，我国南海主权面临少数国家的挑衅。中国海洋权益争端的主要原因有以下几点：

1. 历史原因：二战后形成的波茨坦－雅尔塔体系是现今世界政治关系的基础，也是东亚大多数国家领土及领海边界的划定依据。我国与周边国家疆界的划定也是以这个体系中的一系列公告作为法律依据的。根据波茨坦公告中国应当收回自 1895 年后所有被日本侵占的领土。因此东海的台湾以及钓鱼岛群岛，南海的西沙、南沙都是属于中国的领土。但是由于二战结束后以美国为首的资本主义阵营出于封锁，围堵社会主义中国的需要，长期霸占钓鱼岛，后转让给日本，埋下今日的东海争端的伏笔。而后又鼓动个别东南亚国家敌视中国，促使其侵占中国在南海的岛礁。而日本则希望通过继续占领二战时所掠取的中国领土——钓鱼岛来突破雅尔塔体系，摆脱战败国阴影。

2. 周边某些国家对资源的觊觎：中国的近海大陆架蕴藏有丰富的石油、天然气资源，在能源短缺的今天必然会被周边某些国家觊觎。而南海有丰富的渔业资源、鸟粪石以及石油天然气资源。同时是战略要道，有着重要的战略意义。因此，在经济利益的驱使下，周边某些国家借国际海洋法规的名义，瓜分我国大陆架以及经济区，甚至公然侵占岛屿。

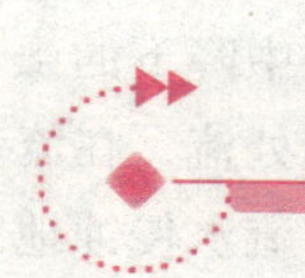

地貌的类型

地球表面为什么不是光滑的平面，而呈现出形形色色的地表形态呢？主要是地貌营力造成的，根据地貌营力的能量最终来源，可将地貌营力分为地貌内营力和外营力两种。

地貌内营力是地球内部能量的积累与释放所产生的地貌作用力。构造运动、褶皱运动、岩浆运动、断裂运动、地震等都是由地貌内营力。这些地球内能的各种释放形式，都能使地貌发生形态变化，假设地壳形成之初是光滑的，经过以上几种运动之后，即可形成高山、峡谷，使地貌起伏不平。如褶皱成山成谷、断裂成谷、岩浆活动成火山堆等等。其总的趋势使地貌起伏不平。

地貌外营力是地球外部的太阳能输入地貌所产生的地貌营力。流水作用、冰川作用、风沙作用、波浪作用等都是地貌外营力。这些作用都是太阳能输入地貌而产生的。如气温和气压的分布不均，可导致各种天气现象（如风、雨、霜、雪等），对原来的地表形态具有改造作用，如流水能形成河谷，风能形成沙丘，波浪能形成海蚀穴、海蚀崖等。

流水地貌

流水地貌是由于流水作用而形成的各种地貌。天空中降下的雨、雪、冰雹等，形成水后会顺着坡面、沿着沟谷和河谷从高往低处流，在流动中对地壳同时进行着侵蚀、搬运和堆积等作用，于是就形成了流水侵蚀地貌和流水堆积地貌。在各种侵蚀作用中，流水的侵蚀作用特别强大和普遍，像冲沟、溪谷、河流、峡谷和瀑布等，都是流水侵蚀地貌。流水的侵蚀，会使坡面变得破碎，使河谷变得更深、更宽阔。侵蚀下来的物质随着水流被搬运走，在地势低平、水流流速缓慢的地方堆积下来，日久天长便形成了像冲积扇、三角洲、冲积平原等流水堆积地貌。只要有水流的地方，就有流水地貌，所以，降水量大的湿润地区流水地貌就到处可见了。

三角洲

三角洲是河口地区的三角形冲积平原。当河流在流进海洋或湖泊的时候，由于地形平坦，所以流速减慢，水流变得分散，河水中夹带的泥沙便渐渐地沉积下来，往往先形成沙岛、沙洲或沙嘴等，它们进一步发展就形成了三角洲。三角洲的顶端指向河流上游，底边则是三角洲的外缘。泥沙的不断沉积，使三角洲的外缘不断向海洋或湖泊扩展，面积也不断变大。如果泥沙在外缘之外沉积，就会形成水下三角洲，中国长江三角洲外就有很大的水下三角洲。三角洲地势低平，河网交错，湖泊星罗棋布，是良好的农耕区和“鱼米之乡”。世界上最大的三角洲是南亚的恒河三角洲，面积达 8 万多平方千米。据统计，全世界三角洲的面积仅占全部陆地面积的 1%，

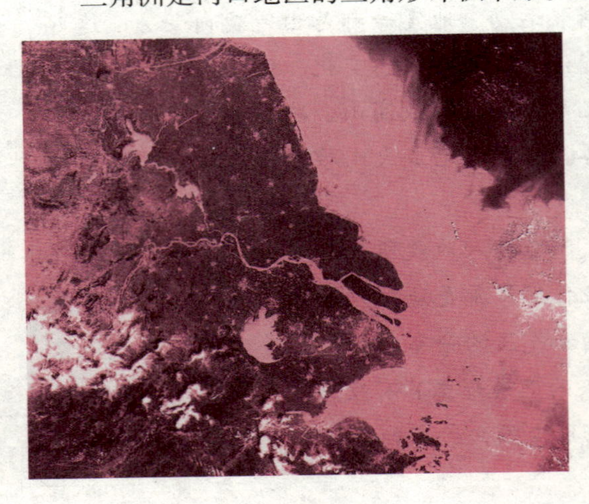
三角洲

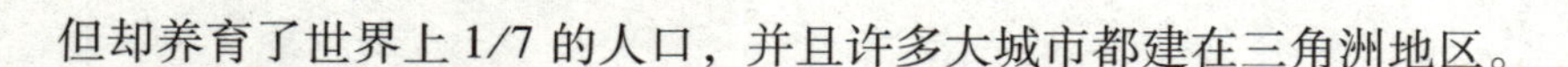

但却养育了世界上1/7的人口，并且许多大城市都建在三角洲地区。

冲积平原

冲积平原是最为常见的一种平原。它是河流挟带的泥沙，在搬运的过程中随着流速的减慢，在地势较为平坦的地区逐渐沉积下来而形成的。冲积平原地势平坦、面积宽广。冲积物往往具有上细下粗的层次结构，多沿河谷延伸，分布在河流的中下游地区。要形成冲积平原，首先河水中要夹带有一定数量的泥沙，因为一定数量的泥沙是形成冲积平原的物质条件；另外，河流流经的地区要平缓一些，因为平缓的地势使河流流速放慢，泥沙的沉积才有可能。冲积平原一般由大面积的山麓冲积扇、两岸的河漫滩和河口三角洲等部分组成。中国的华北平原就是典型的冲积平原。冲积平原由于土层深厚、土壤肥沃、灌溉便利，一般都是重要的农业区。

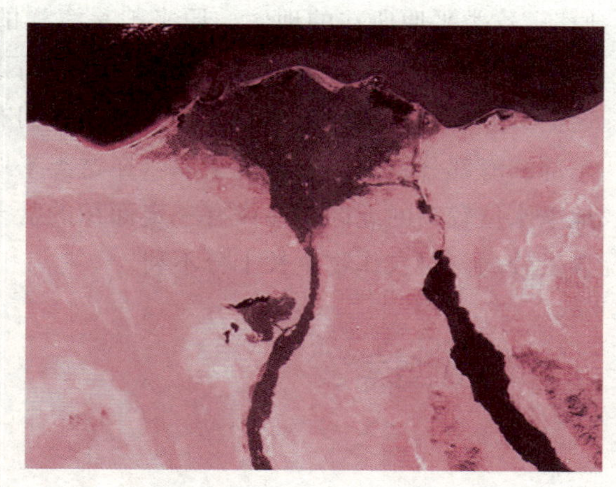

冲积平原

洪积平原

洪积平原是由于洪水泛滥、泥沙堆积而成的平原，所以也叫“泛滥平原”。洪积平原的面积一般比较宽广，多分布在河流中下游的两岸。每当汛期到来，洪水泛滥，河水漫出堤岸，造成泥沙在这里堆积。随着汛期的到来，水位不断上升，洪水的泛滥对河流两岸的侵蚀作用加剧，致使河谷两侧的谷坡逐渐后退，河谷变得更为宽阔。洪水挟带的泥沙反复在这里堆积，最后就形成了洪积平原。这种平原的地表十分平坦，起伏变化很小，在各大河的中下游地区发育得最好。如果洪积平原进一步发展，面积不断扩大，最后就形成了冲积平原。因为这里常有洪水泛滥，地势又较低平，因此，要注意防止洪水灾害。

滨海平原

滨海平原是分布在沿海地区的平原，因靠近海岸，所以也叫“海岸平原”。这类平原所在的地区，原来曾是海洋的一部分，后来因为受到地壳运动的影响而逐渐上升，或者由于海平面的下降，致使这部分逐步露出海面。这类平原的地势十分低平，并且向海洋方向有微微的倾斜。中国华北平原的东部滨海部分就是属于这类平原。在这类平原的低洼易积水的地方，或者在地下水位较高的地区，往往有一定面积的盐土和碱化土分布，土壤中的盐碱含量较高，对农作物生长十分不利。

冲积扇

冲积扇是河流出谷口处的扇形堆积体。当河流流出谷口时，摆脱了侧向约束，其携带物质便铺散沉积下来。冲积扇平面上呈扇形，扇顶伸向谷口；立体上大致呈半埋藏的锥形。以山麓谷口为顶点，向开阔低地展布的河流堆积扇状地貌。它是冲积平原的一部分，规模大小不等，从数百平方米至数百平方千米。广义的冲积扇包括在干旱区或半干旱区河流出山口处的扇形堆积体，即洪积扇；狭义的冲积扇仅指湿润区较长大河流出山口处的扇状堆积体，不包括洪积扇。

延伸阅读

天生桥

天生桥也叫“天然桥”，是两端和地面连接，中间悬空如桥一样的地貌。在石灰岩分布地区常常可以看到，主要是地下溶洞或地下河的顶部两侧岩石发生崩塌，中间残留部分露出地表而成。其他还有黄土分布地区或海滨地区，由于流水或海水的侵蚀而成的。美国西部的科罗拉多高原上有一座庞大的天生桥，高出水面94米多，桥顶厚13米，桥面宽6.7~10米，像彩虹横卧在一条小河上，甚为壮观。中国云贵高原上贵州省黎平县发现了一座天生桥，它长达118.92米，比原先人们认为最长的天生桥——美国犹他州的“风景拱门”桥长出30.22米，成为目前世界上真正的最长的天生桥。

高屯天生桥位于贵州省黎平县城东北12千米的湾寨右侧处，这座由地下伏流自然形成的天生桥历来为游客之游览胜地。此桥在清朝《黎平府志》中就有记载：“天生桥崇严直跨两岸，中有一硐，双江口诸水径此，达高屯可以行舟。上则仍然平地也，往返甚便，不假修筑之力，故名。”对于这种石灰岩地貌自然形成的天生桥，明代杰出地理学家徐霞客在其《游记》中赋予了它十分正确的科学名称“石梁”。

高屯天生桥架在两山之间，跨度超过150米，桥身宽达98米，桥体高出水面30多米，而这竟是天设而非人力所为，的确不能不使人咂舌惊奇。对于这种“不假修筑之力”的天生桥，诗人龚自珍赞曰：“人凿难施鬼斧穷，天心穿出地玲珑。两山壁立龟梁架，巧妙争传造化工。”

黎平高屯天生桥不仅宏伟壮观，而且环境幽美。桥下河流由福禄江、五里江、后坡江诸水汇成，逆水而上数里仍是喀斯特地貌景观；往下一片潺潺流水，分两岔绕桥门的圆形山峦，至数十米处，又融为一体，依山傍水，逶迤北处2千米，注入亮江。桥下河水澄澈清莹，桥四周都是奇峰峻石，河两岸森林荟萃，十分幽静。从桥孔内顺水下看呈现一幅天然妙绝的画卷，使人心旷神怡。若是一叶轻舟顺流而下，顾盼转首，便可将两岸山光水色尽收眼底。

构造地貌

构造地貌是主要由地壳的构造运动造成的地表形态。从宏观上看，所有大地貌单元，如大陆和海洋、山地和平原、高原和盆地，均为地壳变动直接造成。但完全不受外力作用影响的地貌，如现代火山锥和新断层崖是罕见的，绝大多数构造地貌都经受了外力作用的雕琢。故不论从构造解释地貌，或从地貌分析构造，都必须考虑外力作用的影响。人们根据构造地貌形成的原因，把它分为原生构造地貌和次生构造地貌。原生构造地貌是地壳构造运动独自形成的地貌，次生构造地貌则是在构造运动的基础上，经过外力作用加工而形成的地貌。

褶皱山

褶皱山是由于岩层褶皱而形成的山体。由于地壳内部的挤压力，使岩层褶皱，慢慢上升而形成了山岭，一般山岭就是隆起的背斜，邻近的山谷是凹下的向斜，这就称为背斜山。这种山有的长期遭到侵蚀，也会向反面转化，背斜成了山谷，向斜倒成为山，称为向斜山。褶皱山是地球上最常见的山脉，它可以分为简单褶皱山和复杂褶皱山。简单褶皱山一般坡度较缓，看上去比较宽展，像重庆附近的歌乐山就是一座单背斜山；复杂褶皱山的坡度比较陡峭，看上去高大雄伟，像亚洲的喜马拉雅山和欧洲的阿尔卑斯山都是复杂褶皱山。

褶皱山

背斜山

背斜山是褶皱中背斜部位形成的山。当地层受到挤压时，慢慢地形成褶皱而被抬升起来，在一开始的时候，最高的总是背斜部位，于是就成了背斜山。在继续挤压下，如果最上面的岩层断裂了，而下面的岩层还没有断裂，往往仍然是高耸的背斜山。尽管山的种类有多种多样，但是相当多的山，在它们刚诞生的时

背斜山

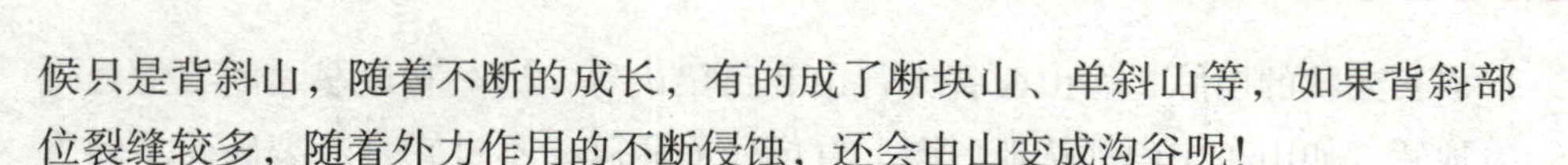

候只是背斜山，随着不断的成长，有的成了断块山、单斜山等，如果背斜部位裂缝较多，随着外力作用的不断侵蚀，还会由山变成沟谷呢！

向斜山

向斜山是褶皱中向斜部位形成的山。我们知道水平的地层在挤压的作用下，就像平推摊在桌面上的布一样会引起褶皱。在刚形成时，一般凸起的总是背斜，凹下的总是向斜。不过有的向斜底部的岩石，受到挤压后变得紧密坚实，不易被侵蚀，而两侧背斜由于弯曲而产生了许多裂缝，变得疏松软弱，在长期的风吹雨淋等外力作用下，背斜不断地被剥蚀与搬运，慢慢地变成了比紧密坚实的向斜还低的谷地，这个向斜反而显得高了，成了向斜山。像杭州灵隐寺附近的飞来峰，就是这样形成的一座向斜山。所以我们在野外进行考察的时候，不能简单地认为山岭都是背斜，谷地都是向斜，一定要仔细地辨别岩层性质等各种情况，再下结论。

向斜山

地　垒

地垒是两个大致平行的断层之间相对上升的地块。两边的地块相对下降，使地垒很突出，往往会形成断块山。两个断层的倾向是相反的，而且倾角一般较大，所以常会形成许多悬崖峭壁，耸立在平地之上，雄伟挺拔，像著名的泰山和庐山都是地垒形成的断块山。如断层较长，又比较连续，有时也会形成长条状的山脉，像山西省太行山和吕梁山等。地垒和地垒之间，常会夹着地堑，如山东中南部从地形图上看像一面盾牌，不过它是断裂破碎了的盾牌，在北部有泰山、鲁山和沂山呈北东向的断块山，在南部有摩天岭、蒙山和尼山呈北西向的断块山。断块山之间夹着地堑谷，其中最宽广的是泰安的大汶河上游谷地和平邑—费县的枋河上游谷地。

地 堑

地堑是两个大致平行的断层之间下沉的地块。断层的长度和断层间的宽度不同，会形成不同规模的陷落盆地和断裂谷地，两个断层一般都是相向倾斜的，而且倾斜角较大，上升的岩层显得十分陡峭。像中国陕西省中部的渭河平原，西起宝鸡，东至潼关，长约300千米，南面耸立着高峻的秦岭山脉，北面则是凸起的陕北高原，这个地堑盆地经河水冲积、黄土堆积形成了农业发达的平原，号称“八百里秦川”。世界上最大的地堑，要算东非大裂谷了，它总长度达6400千米，分为两支，纵贯埃塞俄比亚高原和东非高原，谷底有许多狭长形湖泊。

地堑和地垒发育模式图

死 谷

死谷是个听了令人感到恐怖的谷地。它位于美国西部内华达山脉东侧。这里实际上是个断层地堑，两侧悬崖陡立，人们进去十分困难。在很早以前，这里曾是一个大湖，后因连年干旱，才干涸成沙漠。死谷谷底低于海平面以下86米，是美国大陆的最低点。由于地势很低，使得谷底的热量很难散失，从而形成一条“火沟”。这里测得的最高绝对气温曾高达56.7℃，比中国吐鲁番盆地的绝对最高气温还高出许多。这里的蒸发量大得惊人，而谷底为含硫的地层，由于高温而产生的含硫有毒气体弥漫谷底，人一旦误入该谷，便会因中毒而很难生还。曾发生过几起因误入该谷而使人致死的惨剧，所以这是一个真正的死谷，也有人把它叫作“死人谷”。

万烟谷

万烟谷是位于美国阿拉斯加半岛卡特迈火山西北的奇特山谷。它的成名与卡特迈火山有很大关系。长期以来一直沉睡着的卡特迈火山，在1912年突然爆发了，来势十分凶猛，隆隆的巨响声据说传到1200千米远的地方。火山爆发后人们发现这座火山的顶盖被掀掉了，喷出的火山灰将90千米外的一个小岛整个覆盖起来。4年后，人们来这里考察，在火山西北的山谷中看到了十分壮观的景象。这里到处弥漫着热气腾腾的烟雾，像有数以万计的烟柱在袅袅上升，它们有的在地表处嘟嘟作响，有的从地缝中钻出来，喷出的水汽温度高达100℃以上，蒸腾成一片云雾，于是人们就称呼这个山谷为“万烟谷”。

秦　岭

秦岭是横贯中国中部的东西走向山脉，是褶皱断块山。西起甘肃南部，经陕西南部到河南西部，主体位于陕西省南部与四川省北部交界处，呈东西走向，长约1500千米。为黄河支流渭河与长江支流嘉陵江、汉水的分水岭，北侧是肥沃的关中平原，南侧是狭窄的汉水谷地。秦岭—淮河是中国地理上最重要的南北分界线，秦岭还被尊为华夏文明的龙脉。

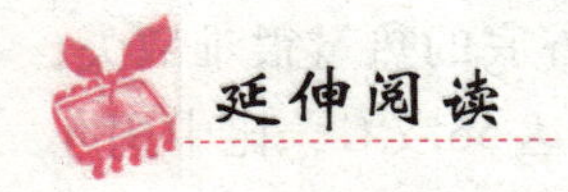

延伸阅读

东非大裂谷

东非大裂谷是世界大陆上最大的断裂带，从卫星照片上看去犹如一道巨大的伤疤。当乘飞机越过浩翰的印度洋，进入东非大陆的赤道上空时，从机窗向下俯视，地面上有一条硕大无朋的“刀痕”呈现在眼前，顿时让人产生一种惊异而神奇的感觉，这就是著名的东非大裂谷，亦称东非大峡谷或东非大地沟。

由于这条大裂谷在地理上已经实际超过东非的范围，一直延伸到死海地区，因此也有人将其称为非洲—阿拉伯裂谷系统。

这个地球表面最大的裂谷，从约旦向南延伸，穿过非洲，止于莫桑比克，总长6400千米，平均宽度48～64千米；北段有约旦河、死海和亚喀巴湾；向南沿红海进入衣索比亚的达纳基勒洼地，继而有肯尼亚的鲁道夫湖、奈瓦沙湖和马加迪湖。坦桑尼亚境内一段东缘因受侵蚀已不太明显。裂谷经希雷谷到达莫桑比克的印度洋沿岸。西面一岔裂谷从尼亚沙湖北端呈弧形延伸，经过鲁夸湖、坦噶尼喀湖（世界第二深湖）、基伏湖、爱德华湖和艾伯特湖。裂谷湖泊多，深似峡湾，裂谷附近高原一般向上朝裂谷倾斜，有些湖底大大低于海平面；至谷底平均落差600～900米，有些地段达2700米以上。据推测，裂谷形成于上新世和更新世，一些地段同时伴随有大规模火山活动，因而形成乞力马扎罗山（5895米）和肯尼亚山（5199米）等山峰。

这条长度相当于地球周长1/6的大裂谷，气势宏伟，景色壮观，是世界上最大的裂谷带，有人形象地将其称为“地球表皮上的一条大伤痕”，古往今来不知迷住了多少人。

海岸地貌

海岸地貌是海洋和陆地交界地区，在地壳运动、岩浆活动、波浪、潮汐、冰川、海流、风和生物活动等作用下形成的地貌。这些地区的变化比较容易看出，有的海岸不断向海洋推进，有的却向陆地方向后退，形成的地貌形态景象万千：有的是奇崖绝壁，地势险峻；有的是潮来一片汪洋，潮去一片海滩，地势平坦；有的是风光旖旎的珊瑚礁等生物海岸。一般把它们分为两大类：一类是以侵蚀破坏为主的海蚀地貌，如海蚀崖、海蚀洞、海蚀柱等；另一种是以堆积建设为主的海积地貌，如沙嘴、海滩、珊瑚礁等。研究海岸地貌的生成和发育的原因，将有助于人们利用海岸资源。

沙　嘴

沙嘴是一端连着陆地、一端伸入海中的海岸堆积地貌。当泥沙壤随着海浪沿海岸移动，遇到向海洋方向突出的海岸地带时，由于受到阻挡，海浪的推动能力降低，于是所夹带的泥沙在海岸凸出的后部逐渐堆积起来。随着时光的流逝，堆积规模逐渐扩大，最后就形成了沙嘴。伸向海洋的一端在向前延伸时，由于波浪的冲击和泥沙在沙嘴靠岸一侧的堆积，形成了像镰刀一样的外形。如果沙嘴的一端弯得和陆地相连，圈起一部分海域，就成了潟湖；如果在离沙嘴不远处的海洋中有岛屿的话，当沙嘴伸延到一定程度时，就将岛屿与陆地通过沙嘴相连，那就形成了陆连岛了。

陆连岛

陆连岛又叫“连岛沙洲”，指由沙嘴、沙坎等和大陆相连的岛屿，多分布在海岸的岬角处或离海岸不远有岛屿的地方。当海浪等向岸运动时，由于受到岬角或岛屿的屏障阻挡，大大削弱了海浪等的搬运作用，于是便将所夹带的泥沙等物质在这里逐渐堆积起来。开始时在岬角或岛屿的后方形成一条沙嘴，随着泥沙堆积的增多，沙嘴越伸越长，最后便将岛屿与大陆相连，这些岛屿就成了陆连岛。而沙嘴就是岛屿与大陆间的一座天然桥梁。中国山东半岛烟台市的芝罘岛就属于陆连岛。

海蚀崖

海蚀崖是岩石海岸受到海浪等侵蚀而形成的一种临海的悬崖陡壁。当海浪长期拍击海岸时，产生冲蚀和掏蚀作用，使岩石海岸在海平面处被侵蚀成一个凹槽，当继续发展时，凹槽以内的岩石在海浪的作用下被掏空，致使上部悬空的岩石崩塌，海岸便步步后退，最后形成一个陡峭的海蚀崖。一般有死、活两类海蚀崖。死海蚀崖的崖壁比较缓和，不再向后退了，在崖壁上多有植物生长；而活海蚀崖的崖壁则比较陡峭，继续在发展，上面没有植物生长。活海蚀崖要比死海蚀崖显得更加雄伟。位于夏威夷群岛中莫洛凯岛东北岸的海蚀崖是迄今为止世界上最高大的海蚀崖。它的坡度大于55°，崖壁高达1000余米，当乘船从它旁边驶过时，抬头仰望，崖壁显得更加高大雄伟。中国海蚀崖的分布比较普遍，在大连、北戴河、山海关、秦皇岛及海南岛都可以看到。

海蚀崖

海蚀洞

海蚀洞

海蚀洞是由海浪侵蚀而成的深大临海洞穴。浩瀚的大海，波浪滔天，由海浪及其所挟带的岩块、碎屑物质对海岸进行冲击和掏蚀后，形成了面向大海的凹穴，其中深度较大者就是海蚀洞。海蚀洞多产生于岩岸节理较多或者抗蚀能力较弱的部位。在印度尼西亚一些岛屿上的海蚀洞深度可达200余米。浙江普陀山的潮音洞、梵音洞等也是著名而典型的海蚀洞。潮音洞高大深邃，深度近70米，在洞内可聆听潮水汹涌翻滚的声音，人们称作“空穴来音”。相传该洞还是观音菩萨经常现身之处。而梵音洞以高见长，其高度可达数十米，具有“水势奔腾峭壁开，半空雪浪似鸣雷”的壮丽景色。平时，洞内雾霭沉沉，幽泉滴滴，给人以神秘的感觉。

海蚀柱

海蚀柱是海岸受到海浪、潮汐等侵蚀后残留在海中或岸边的石柱。海浪和潮汐不断地冲击着海岸，那些软弱的岩石不断地被“咬”掉，但是比较坚硬的岩石却仍然坚持着，于是就成了孤零零的海蚀柱了。然而海浪、潮汐等仍然对它不断地雕琢，所以就有了各种各样的奇特形状。人们根据不同的形状起了许多名字来称呼它们，例如“石公公”、“石婆婆”、“石蘑菇”、“花瓶石”和“南天一柱”等，看上去都很逼真。如渤海海峡的庙岛列岛中，像有人在海中建造了一座高耸的宝塔，其实也是海蚀柱，人们称它为“宝石礁”。还有青岛附近海面上的“石老人”，高达 18 米，远远望去酷似一个驼背的老人站在海中眺望，好像在等待着出海打鱼的子女们早些平安归来。

珊瑚礁

珊瑚礁指主要由珊瑚的骨骼堆积而成的礁石。在热带海洋的浅水浪花之下，珊瑚固着在海底，不断分泌钙质，形成骨骼向上生长，在迎风浪的方向生长得特别快，形成一个千姿百态、五彩缤纷的水下花园，有淡红色、米黄色蘑菇状的滨珊瑚，皇冠般翠绿色的盔形珊瑚，婀娜多姿的宝石蓝和腥红色的鹿角珊瑚等。珊瑚的生长吸引了上千种鱼、蟹、贝类、藻类和微生物在这里聚居，组成一个生物大家庭；珊瑚的骨骼和贝壳以及石灰质藻类等胶结成一个个钙质岩体，于是就形成了珊瑚礁。中国南海的西沙群岛和南沙群岛都是珊瑚礁组成的。由于

珊瑚礁

珊瑚只能生活在热带海水中，所以现代珊瑚礁只出现在热带和亚热带的海洋中，如太平洋的夏威夷群岛、社会群岛、所罗门群岛、加罗林群岛、中国南海诸岛、菲律宾和印度尼西亚等地方，另外，印度洋和大西洋的加勒比海中也有珊瑚礁发育。

岸　礁

岸礁是贴近海岸生长发育的一种珊瑚礁。海滩下的浅水中生长着大量的珊瑚，它们向上只长到低潮海面的位置，珊瑚不断地老死新生，就形成了沿海岸分布的顶面平平的珊瑚岸礁。岸礁上的珊瑚和其他生物的骨骼被风浪打断磨碎后，被搬运到海滩，成了和一般的海滩沙子不同的白晶晶的海滩沙。岸礁地区没有大河入海，海水特别清澈，海参、龙虾和各种各样的鱼很多。宽阔白净的海滩是天然的海滨浴场，可供人们在此游泳嬉戏，平坦的礁坪上可以追潮拾贝，所以世界上不少岸礁区都是旅游风景区。

岸　礁

世界上规模最大的岸礁分布在印度洋北部的红海海岸，那里的珊瑚岸礁沿岸长达2000千米以上。中国台湾南部恒春半岛、海南岛东岸都有岸礁分布，最长的达20多千米，最宽的地方可达千米。

堡 礁

堡礁是像城堡一样包围着小岛或海岸，中间又有海水相隔的珊瑚礁。里面的小岛大部分是海底火山高出水面的火山岛。许多奇特的堡礁发育在太平洋的西南部，如斐济群岛、社会群岛和汤加群岛等区。珊瑚礁像城堡一样把中央几个小岛包围起来，堡礁在某一侧离岛只有几十米远，而在另一侧可达几十千米。一般堡礁上总有几个缺口，使礁内外的海水连通，遇到风暴时，船只可以通过缺口进入堡礁内避风浪，有的小岛还可提供船上的淡水补给。世界上规模最大的堡礁在澳大利亚东北昆士兰岸外，称为昆士兰大堡礁，南北长 1935.5 千米，与澳大利亚海岸间有宽广的浅海相隔，是澳大利亚的旅游胜地。

堡 礁

潮 汐

潮汐现象是指海水在天体（主要是月球和太阳）引潮力作用下所产生的周期性运动，习惯上把海面垂直方向涨落称为潮汐，而海水在水平方向的流动称为潮流。是沿海地区的一种自然现象，古代称白天的河海涌水为“潮”，晚上的称为“汐”，合称“潮汐”。

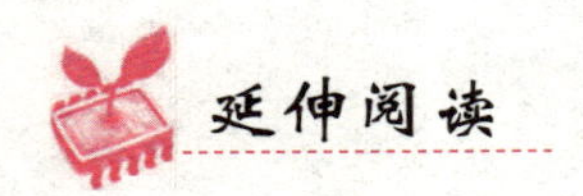

延伸阅读

大洋中的环礁

环礁是大洋中呈圆形或椭圆形环带状分布的珊瑚礁。环礁一般分布在深海大洋区，如中国南海、太平洋西南海区。环礁礁体大部分在涨潮时没入水中，退潮时露出海面，形成宽广、平坦的礁坪，礁坪上的珊瑚礁块和生物砂堆积成一个个小岛，称为灰砂岛。在比较大的灰砂岛上，生长着茂密的热带植物，少数灰砂岛上有淡水井和淡水湖，有人居住。环礁上有数个缺口，每当风大浪急时，环礁内水面平静，船舶可以从缺口处进入避风，所以环礁是大洋中天然的避风良港。灰砂岛由于绿树丛生，是海鸟聚居的场所。例如中国南海西沙群岛的东岛，面积不到 1 平方千米，海鸟却有 6 万余只，鸟粪在岛上厚达几米，是很好的磷肥资源。

新喀里多尼亚环礁（暗礁多样性及相关生态系统）由 6 个海洋珊瑚礁组成，象征着法国太平洋新喀里多尼亚群岛珊瑚礁和相关生态系统的多样性，它是世界上 3 个最广阔的珊瑚系统之一。泻湖内生活着多种珊瑚虫和鱼类，这里是从红杉树到海草的栖息地，是世界上珊瑚结构的密度变化最大的地方。新喀里多尼亚环礁是一个完整无损的生态系统，这里生活着健康的大型食肉动物群体和大量不同的大鱼。这里还为大量受到威胁的鱼类、海龟和海洋哺乳动物提供了栖息地，其中儒艮数量位居世界第三。这些泻湖周围的自然风光异常美丽，泻湖内有不同年代的珊瑚，其中有活着的，也有远古珊瑚化石，为研究大洋洲的自然历史提供了一个重要的信息源。

冰川地貌

冰川是沿着地面倾斜方向移动的巨大冰体。它像是一条冰组成的河流，大多分布在极地和高山地区。按照冰川的形态和运动特征，分为大陆冰川和山岳冰川两大类。这里气候十分寒冷，降水以固体形式的雪为主。当积雪达到一定的厚度时，在重力作用下紧压成冰川冰，沿着地表缓缓地流动，就形成了冰川。在历史上，地球上曾有 1/3 的陆地被冰川所覆盖，现在冰川的覆盖面积也要占到陆地总面积的1/10左右。由于冰川是固体，流动时又受到地面的阻力，因此流动的速度十分缓慢，每年从几米到数十米不等。冰川是地球上储量最大的淡水资源，要占到全球淡水总量的68.7%，被人们称为“固体水库”。发源于高山地区的大河，它们的水源往往来自于冰川融水。

在100多年前，欧洲有一支探险队来到欧洲南部的阿尔卑斯山脉探险。在一次雪崩中，几名探险家不幸遇难丧生，被埋在冰川中。当时有人根据冰川流动的速度预言，这几名探险家的尸体40年后将在冰川的下游出现。在43年后，这几名探险家的尸体果真在冰川的下游出现了。

大陆冰川

大陆冰川指分布在极地和极地附近的冰川，主要分布在格陵兰岛和南极大陆上。这两个地方冰川的面积占全球冰川总面积的97%，是冰川的最主要部分。大陆冰川不但面积大，而且冰层很厚，好像在地面上盖了一层厚厚的被子一样，因此也有人把大陆冰川称为“冰被”。南极大陆的表面就覆盖着平均2000米厚的冰川，这里最厚的冰层达到4270米，使这里成为一个名副其实的“冰雪大陆”。格陵兰岛的90%的面积也被冰川覆盖，在这里难以见到地表的岩石，在阳光的照射下，冰川白得耀眼。大陆冰川的表面，中间高四周低，呈盾形分布，由于它实在太厚，所以在流动时不受地形的影响。当大陆冰川缓缓流动而伸入海洋时，往往就断裂成为漂浮在海面上的一座座冰山了。

大陆冰川

世界的第一大岛——格陵兰岛，整个岛屿几乎都被冰川所覆盖。有人在这里的深井中开采出大冰块，并用飞机运到美国市场出售。由于这些冰块已有数百万年的历史，所以人们称它为“万年冰”。大家相信这些原始时代的冰块不会含有任何有害物质，可以放心地饮用，所以都竞相高价购买。

山岳冰川

山岳冰川是分布在高山地区的冰川，主要分布在亚欧大陆高山地区的上部。这里的低温和大量的降雪为冰川的发育提供了条件。山岳冰川的规模和厚度远远不及大陆冰川。由于地处山区，坡度较大，山岳冰川的流动速度要比大陆冰川快得多，因此对地面的侵蚀作用也显得十分明显和强烈，常常形成各种冰蚀地貌。中国是世界上多冰川的国家之一，大小冰川共有43000多条，冰川覆盖面积有6万平方千米之多，占亚洲冰川总量的1/2以上，而且还是世界上最早直接利用冰川为人类服务的国家之一。早在唐代，人们就利用祁连山的冰川融水，使著名的“丝绸之路”上的敦煌成为一个绿洲城市。

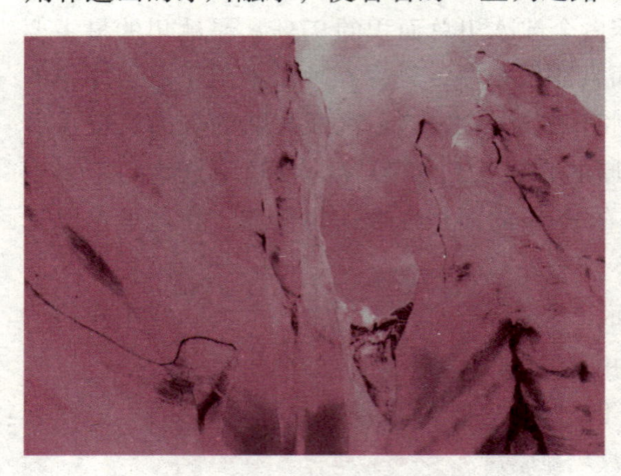
山岳冰川

各拉丹东冰川位于格尔木市唐古拉山乡境内。各拉丹冬，藏语意为“高高尖尖的山峰”，海拔6620米，有南北两条呈半孤形的大冰川，南支冰川长12.8千米，宽1.6千米，冰川尾部有2千米的冰塔林。这高耸入云的冰雪山体和晶莹皎洁的大冰川，是万里长江的源泉。冰塔林中，有高高耸起的冰柱，有玲珑剔透的冰笋，有形如彩虹的冰桥，有神秘莫测的冰洞，还有银雕玉琢的冰斗、冰舌、冰湖、冰沟……神工鬼斧，冰清玉洁，是一座奇美无比的艺术长廊；周围是优良的天然草场，有藏野牛、藏野驴、藏羚、雪鸡等珍禽异兽，是探险旅游、登山、猎奇、科学考察的理想之地。

峡　湾

峡湾是由冰川侵蚀而成的狭窄海湾。巨大冰川的底部拖曳着坚硬的碎屑物质，随着不断地向前移动，碎屑物质越来越多、越来越大，像锋利的刨刀

挪威的峡湾风光

一样将坚硬的岩石切割出深深的槽谷。在入海的地方，当冰川消退之后，海水便进入这些槽谷，就形成了峡湾。峡湾一般两壁很陡峭，底部很深，它们大多分布在西北欧，其中挪威沿海的峡湾发育得最完好、最典型，如松恩峡湾长达 183 千米，海水最深有 1245 米。狭长的峡湾能深入陆地，由于两岸陡峭，海水很深，峡湾内往往风平浪静，成为优良的港湾，供船舶停泊。挪威是世界上峡湾最多的国家，有这样得天独厚的条件，所以它的航运事业盛名于天下。

冰塔林

冰塔林是冰川表面系列的塔形冰柱。它是由于冰川的差别消融而形成的。例如在珠穆朗玛峰的北坡，巨大的冰川在重力作用下，沿着山谷向下移动；由于地表的凹凸不平，使下滑的冰川产生了褶皱和裂隙，向着太阳的一面由于受热较多，消融得较快，而背着太阳的一面，受到的热量较少，消融得较慢，于是在表面就形成了许多沟壑和小冰茅。随着冰川的陆续下滑，突起的部分变得更尖，凹下的部分变得更深，最后就出现了一个千姿百态、光怪陆离的冰塔林。当你走进冰塔林，就好像来到了一个水晶世界，那瑰丽的“宫殿”、座座“宝塔”显得格外的晶莹剔透，在阳光的照耀下，洁净闪耀，宛如一柄柄利剑直刺蓝天；而当夕阳西下时，落日的余晖又将塔顶染成一片金黄，像镀了一层金似的，显得肃穆庄严。

冰塔林

冰蘑菇

冰蘑菇是顶上有石块，形状像蘑菇一样的冰柱，它是冰川地区的独特地貌。冰川在向下移动的过程中，会慢慢消融，但是在局部冰川的表面覆盖有石块等物质时，石块遮挡了阳光，使石块下面的冰川受到的热量大大减少，消融得较慢；而四周无覆盖物的冰川，由于受到的阳光较多，冰川的消融速度快，最后就使被石块遮挡的部分冰川残留在地表之上，成为孤零零的冰蘑菇。中国青藏高原有冰川分布的地区，常见到这种冰蘑菇。

冰　盖

冰盖是覆盖整个大陆或大陆大部分陆地的冰层。目前南极洲就有一个大冰盖，面积约 1400 万平方千米，比南极洲陆地面积略大一点。大约在 1200 万年前，南极大陆西部琼斯山区出现冰川，后来扩大到罗斯海，继而冰川覆盖了整个南极大陆，成为冰盖。如果南极冰盖全部融化，世界海平面要上升 62 米。这里平均气温 －55℃ ~ －57℃，最低 －88.3℃，最冷为 7 月份，最热为1月份，但也在0℃以下。南极冰盖景观奇特，有的冰沿着冰盖上的凹地慢慢流动便形成冰川，世界上最长的冰川就是这里的兰伯特冰川，长514千米，宽64千米，比世界上任何河流都宽，像河流一样载着巨量的冰缓慢地流动。冰川还是大自然的雕塑家，使冰川两侧的冰盖上形成了不少冰洞、冰钟乳、冰笋和冰柱等，像桂林山水一样成为奇特的风光。

冰 山

冰山是漂浮在海洋中的巨大冰块，露出水面的高度一般都在5米以上，有的可高达几十米，长度一般为几百米至几万米。冰山在北大西洋与北冰洋之间最为常见，那儿的冰山都是由北冰洋漂来的，有的吹上了泥土，长了草；由于它不断移动，人们误认为它是会移动的岛，称其为幽灵岛。冰山对航运和海洋资源开发设施有很大的威胁，在北大西洋纽芬兰附近，每年3～7月冰山最多，发生过许多冰山撞击航船的悲惨事件。为了确保航运安全，自1973年起，美国和加拿大等国组织了国际冰山巡逻队，用飞机、无线电、雷达等侦察、报告冰山的地点和活动情况，发布冰山警报。人们还利用卫星、遥感技术等大范围地监视和预报冰山的活动。

冰 山

1956年，美国的“冰川”号破冰船在南太平洋发现的一座冰山可称得上是“冰山之王”。这座冰山长约335千米，宽约97千米，它的面积比欧洲的比利时的面积还大。最近从南极大陆游离出来的一座冰山也十分可观，长约160千米，宽约40千米，总面积比中国第三大岛——崇明岛的5倍还要大。如果把这座冰山拖到美国洛杉矶，冰山全部融化的水可供洛杉矶全市使用2000年。

重　力

重力是由于地球的吸引而使物体受到的力。生活中常把物体所受重力的大小简称为物重。在一般使用上，常把重力近似看作等于万有引力。但实际上重力是万有引力的一个分力。重力之所以是一个分力，是因为我们在地球上与地球一起运动，这个运动可以近似看成匀速圆周运动。我们做匀速圆周运动需要向心力，在地球上，这个力由万有引力的一个指向地轴的分力提供，而万有引力的另一个分力就是我们平时所说的重力了。

冰山生物链

海洋生物学家对脱离南极洲的成千上万座冰山有了更为积极的看法，这些漂浮在海面、寒气袭人、有种荒凉之美的巨大冰块原来是生物活动的“热点”。而且，至少从理论上说，它们有助于减少温室气体的积聚。据美国《时代》周刊报道，加利福尼亚州莫斯兰丁市蒙特雷湾水族馆研究所的肯尼思·史密斯领导的一个科研小组研究了威德尔海分别长2千米和21千米的两座冰山。威德尔海在南极洲与南大西洋之间，靠近阿根廷南端。

冰山并不像看起来那么纯净：数万年来，在漂向大海的过程中，它从空气中获得许多矿物质。在融化过程中，冰山释放富含营养物质的粉末，给浮游植物提供养料，这些浮游植物又养活了磷虾。史密斯说，冰山周围积聚了有机物，其食物链一直延伸到海鸟。威德尔海海域的冰山估计有1000座，它们的生物生产力难以估量。

不仅如此，冰山附近的磷虾大多自然死亡，沉入海底，从而也带走了所食的浮游植物从空气中吸收的二氧化碳。

科学家列出了这样的生物链：冰山在漂移融化过程中，释放铁一类的矿物质，使藻类大量繁殖。这些生物体富含叶绿素：它们吸收二氧化碳，产生氧气；磷虾成群活动，以浮游植物为食；海燕和南极臭鸥涌向冰山，从那里捕食磷虾；冰山周围的水母以浮游生物、磷虾和小鱼为食；鲸鲨等也以磷虾为食。尽管科学家在这项研究中还没有观察到食物链的最上端，但如此丰富的食物可能吸引逆戟鲸一类的大型捕食者。

喀斯特地貌

喀斯特地貌是石灰岩地区长期被流水溶解、侵蚀而形成的一种地貌，因为在南斯拉夫西北部的喀斯特高原发育得比较典型，所以得名。喀斯特地貌多种多样，在地表往往崎岖不平，岩石嶙峋，奇峰林立，多石芽、石林、溶洞、漏斗、峰林等形态；而在地下则发育着溶洞、地下河等，在溶洞内有石笋、钟乳石和石柱等。中国是世界上喀斯特地貌分布最广、发育较典型的国家，几乎每个省、自治区都有分布，喀斯特地貌分布的面积占全国总面积的1/8左右；单西南地区喀斯特地貌的分布面积就相当于整个法国的面积。中国还是世界上对喀斯特地貌进行描述和系统分类最早的国家。明代地理学家徐霞客对喀斯特地貌的描述和记载，要比欧洲早150多年。

溶　洞

溶洞是因地下水对石灰岩的溶蚀作用而开拓出来的地下岩洞。在发育较好的溶洞里，常可见到千姿百态、琳琅满目的钟乳石、石笋、石柱、地下河道等。溶洞的大小不一，大的溶洞可有容纳数千人的高大厅堂。在一些大的溶洞内，往往有好几个“大厅”。广西桂林的七星岩就有6个“大厅”，最宽处达70米，最高达75米；马来西亚在加里曼丹岛上的国立穆卢公园内有世界上最大的地下溶洞，其面积足有 16 个足球场大小。如果是地壳间断上升，溶洞也可分层分布。如江苏宜光的善卷洞就分上、中、下 3 层；美国肯塔基州的猛犸洞，共由 255 条地下通道组成，全洞共分 5 层，上、下、左、右均相通，构成一个庞大的岩洞系统。世界最深的溶洞是法国位于阿尔卑斯山中的让·贝尔纳尔溶洞，深达 1491 米。溶洞一般曲折幽深，像一座座扑朔迷离的地下迷宫。由于溶洞形态独特，多辟为观光旅游区。

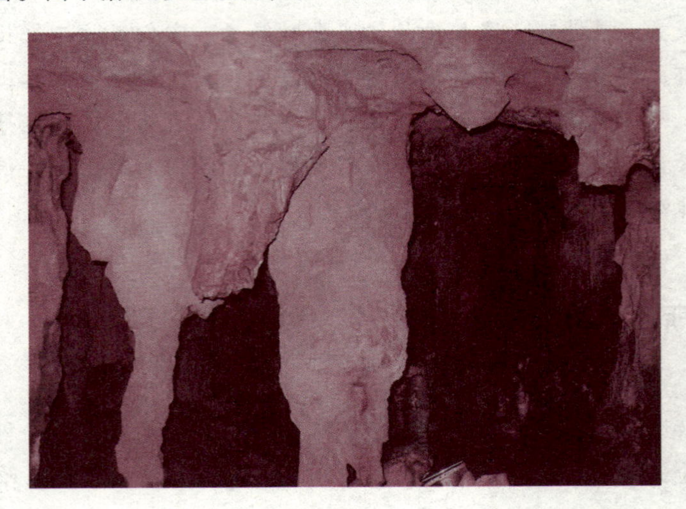

溶　洞

钟乳石

钟乳石又叫“石钟乳”，是溶洞顶部向下生长的一种碳酸钙沉积物。在石灰岩溶洞中，当地下水顺着溶洞顶部的裂隙向下渗透下滴时，由于温度和压力的变化，溶于水中的碳酸钙便沉淀下来。开始只是附在洞顶上突起的小小疙瘩，随着沉积物自洞顶向下延伸，下垂的碳酸钙沉淀物的外形就成为钟状或乳房状，好像我们在冬天所见到屋檐下垂着的冰溜一样。钟乳石一般独立下垂，也有和溶洞洞壁结合为一体的。钟乳石形态各异，有的如宫灯悬挂，有的如飞瀑下泻。目前世界上最长的钟乳石在爱尔兰的波尔洞中，钟乳石下垂的长度达 11.6 米；而与洞壁相连的钟乳石，最长的在西班牙的一个溶洞中，其长度有 59 米。

钟乳石

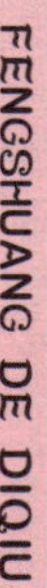

石　笋

石笋是溶洞底部向上生长的一种碳酸钙沉积物。在石灰岩溶洞中，由于流水对石灰岩的溶蚀，当含有碳酸钙的水滴下滴后，水中的碳酸钙便在洞底逐渐沉淀下来，经过长期的沉积，慢慢地越积越高，好像是春天从地下冒出来的竹笋一样，所以得名。和钟乳石不同的是，钟乳石向下伸延，而石笋则向上生

石　笋

长。一般是钟乳石和石笋上下相对地分布，一个挂在洞顶，一个矗立于地表。目前世界上最高的石笋位于古巴的马丁山洞中，高达63.2米，底宽134米。

石　柱

石柱是溶洞中由于碳酸钙沉积而形成的柱子。洞中先有了钟乳石和石笋，它们一般上下对应着，随着不断的沉积，钟乳石越伸越长，而石笋越长越高，最后便连在一起，形成石柱。石柱在洞中顶天立地，像是支撑着大厦的顶梁柱；碳酸钙在石柱表面形成各种各样的形状，像是在柱子表面雕琢出的奇花异草、飞禽走兽。它们错落分布在溶洞中，使本来就奇特的深洞变得更加神奇，变幻莫测。江苏宜兴善卷洞洞口有一个石柱叫砥柱央，像是擎天大柱支撑着洞顶；洞中还有另一个石柱，表面像是熊猫在爬树，栩栩如生，憨态可掬。贵州镇宁犀牛洞内有一个石柱高达27米以上，高耸挺拔，令人赞叹不已。

石　林

石林是陡峭的石峰林立在地表的一种喀斯特地貌。石灰岩地层由于受地

石林——阿诗玛

壳运动等影响，产生了不少裂缝，当含酸的水渗入这些裂缝后，通过溶蚀等作用，使裂缝不断扩大而成为沟、谷，随着溶蚀作用的继续扩大，裂缝之间只留下陡峭的岩石，这样，便形成了石林。最著名的是中国云南路南石林。这里一峰一姿、一石一态，显得神奇美妙、变幻万千。有的酷似飞禽走兽，如“双鸟渡食”、“凤凰梳翅”；有的似危岩欲坠，令胆小游客不敢迈步，如“千钧一发”；而最有名的是身背背篓、亭亭玉立的撒尼族姑娘“阿诗玛”。无数游人被路南石林的神奇壮观所倾倒，将其誉为“天下第一奇观”。

峰 林

峰林是石灰岩广泛分布的地区在长期流水的溶蚀、侵蚀等作用下，不断分割地表而形成的一系列奇特而挺拔的山峰。峰林的坡度较陡，其规模要比石林大，高度可超过 100 米，山体内部常有溶洞、地下河等；主要发育在热带和亚热带季风区的石灰岩分布地区。峰林的山峰形态奇特而俊美，生动有趣，以中国广西的桂林、阳朔一带发育最为典型。如桂林的独秀峰平地而起，巍巍如“南天一柱”；伏波山卧伏江边，大有回澜伏波之势；七星山七峰连绵，宛如苍穹七斗；叠彩山如彩锦堆叠，翠屏相间；象鼻山酷似巨象在饱饮江水；骆驼山则如长途跋涉的骆驼在途中小憩；望郎山形如昂首盼郎远归的少妇；九马画山正看如九马嬉戏，侧看则像伏枥老骥……真是美不胜收，给人以遐想，给人以美的享受。

石灰岩

石灰岩简称灰岩，是以方解石为主要成分的碳酸盐岩。有时含有白云石、黏土矿物和碎屑矿物，有灰、灰白、灰黑、黄、浅红、褐红等色，硬度一般不大，与稀盐酸反应剧烈。

石灰岩主要是在浅海的环境下形成的。石灰岩按成因可划分为粒屑石灰岩（流水搬运、沉积形成）；生物骨架石灰岩和化学、生物化学石灰岩。按结构构造可细分为竹叶状灰岩、鲕粒状灰岩、豹皮灰岩、团块状灰岩等。石灰岩的主要化学成分是$CaCO_3$，易溶蚀，故在石灰岩地区多形成石林和溶洞，称为喀斯特地貌。

石灰岩是烧制石灰和水泥的主要原料，是炼铁和炼钢的熔剂。石灰岩分布相当广泛，岩性均一，易于开采加工。

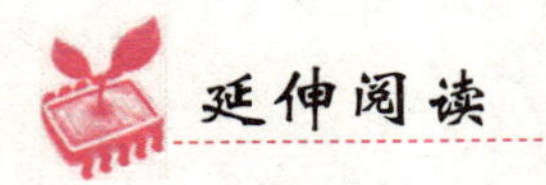

延伸阅读

溶洞奇观——广西桂林七星岩

七星岩因七星山而得名。是桂林旅游景点溶洞中较为出名的一个岩洞，位于桂林七星公园内，七星岩古时称栖霞洞，在桂林七星公园内普陀山腹，原来是一段地下河，至今已有百万余年历史。由地下河形成的岩洞一般有两种地形：一是“岩洞的侵蚀地形”，如洞内的“银河鹊桥”景点，就是一个巨大的穹形厅堂，宛如天空；二是“岩洞的堆积地形”，由钟乳石、石笋、石柱等次生沉积物组成，具有各种形态，千奇百怪。今依民间习惯称呼，又据岩内明代桂林画家张文熙所题“第一洞天”之义，定名为“七星洞天”。

七星岩早在五六世纪时就有了文字记载，古时候曾叫栖霞洞、仙李洞、碧虚岩。它原是一段地下河道，后来地壳变动，地下河上升，露出地面成为现在的岩洞，至今已有100万年以上的历史。岩洞露出地面后，雨水长期沿洞顶裂隙不断渗入，溶解石灰岩，并在洞内结晶，形成许多钟乳石、石笋、石柱、石幔、流石坝，千姿百态，像一条雄伟壮观、气势磅礴的地下画廊，蔚为奇观。七星岩分上、中、下3层。上层仅存老君台等残存的洞迹，下层是脚下仍在发育的地下河，现在供我们游览的是中层。游程814米，最高处27米，最宽处49米，洞内温度常年保持在20℃左右。七星岩早在1300多年前的隋唐时代就已成为游览胜地。在桂林旅游景点中名气甚大，是桂林山水中的溶洞代表。近年引进了激光、光导、多媒体等多项高新技术，力求虚实相间、动静结合地为人们展现一幅全新的洞内奇观，原本就以“栖霞真境”之称名列桂林古八景的七星岩，从此更加瑰丽迷人。

风蚀地貌

风蚀地貌是由于风力作用而形成的地貌。风本身没有多大的侵蚀力，但是风力扬起的沙粒、碎屑等物质，不断地击打着地表，那些薄弱的地方就不断地被侵蚀掉，于是形成了如风蚀洼地、风蚀蘑菇、风蚀谷等风蚀地貌。沙粒等被风挟带着不断搬运走，在风力变小的地方便停了下来，堆积成沙丘、沙漠等风积地貌。风蚀地貌和风积地貌都属于风成地貌。在干旱地区，降水量比蒸发量少，由于严重缺水，植物稀少，地表只能裸露在外，所以风力作用就显得很强大，风蚀地貌也就比较常见。中国西北地区属大陆性干旱气候，所以那里风蚀地貌较多，大到沙漠，小到风蚀蘑菇都可以见到。

风蚀石窝

陡峭的迎风岩壁上风蚀形成的圆形或不规则椭圆形的小洞穴和凹坑。直径大多约 20 厘米，深为 10 厘米 ~15 厘米，有时群集，有时零星散布，使岩石表面具有蜂窝状的外貌，故又称石格窗。它是由于岩石表面经风化（包括物理风化和化学风化）、吹蚀形成许多细小凹坑，又经风所携带的沙粒在凹坑内磨蚀形成。大的石窝称为风蚀壁龛。

风蚀蘑菇

孤立突起的岩石经风蚀作用而成的蘑菇状岩体，又称石蘑菇、风蘑菇。多发生在垂直节理发育的不很坚硬的岩石中，由于近地表的岩石基部受风蚀作用强，顶部受风蚀作用弱，逐步形成上部大、下部小的蘑菇石。垂直节理发育岩性比较坚硬的岩石，在风蚀作用下形成孤立的柱状岩体，称为风蚀柱。

风蚀蘑菇

雅丹地形

雅丹地貌或称为风蚀脊，是一种典型的风蚀形地貌。“雅丹”是中国维吾尔语，意为“陡峭的土丘”，因中国新疆孔雀河下游雅丹地区发育最为典型而命名。其发育过程是：挟沙气流磨蚀地面，地面出现风蚀沟槽。磨蚀作用进一步发展，沟槽扩展为风蚀洼地；洼地之间的地面相对高起，成为风蚀土墩。土墩和洼地的排列方向明显地反映主风方向。土墩一般高 1～10 米，长 20～100 米，甚至更长；全由粉砂、细砂和砂质黏土互层组成，砂质黏土往往构成土墩顶面，向下风方向微倾。在中国罗布泊盐碱地北部的东、西两侧，黏土土墩的顶面是盐壳，呈白色，称为白龙堆。

雅丹地形

风蚀城堡

风蚀城堡是水平岩层经风蚀形成的城堡式山丘，又称为风城。多见于岩性软硬不一（如砂岩与泥岩互层）的地层，中国新疆东部十三间房一带和三堡、哈密一线以南的第三纪地层形成了许多风城。以新疆准噶尔盆地西北部乌尔禾一带最为典型。

风蚀垅岗

风蚀垅岗是软硬互层的岩层中经风蚀形成的垅岗状细长形态。一般发

风蚀城堡

育在泥岩、粉砂岩和砂岩地区。长 10 ~ 200 米，也有长达数千米者，高 1 ~ 20 米。

风蚀谷

风蚀谷是由风蚀加宽加深冲沟所成的谷地。谷无一定的形状，可为狭长的壕沟，亦可为宽广的谷底。底部崎岖不平、宽狭不均、蜿蜒曲折。常在陡峭的谷壁底部，堆积着崩塌的岩块，形成倒石锥，谷壁上有时有大大小小的石窝。风蚀谷不断扩大，原始地不断缩小，最后仅残留下一些孤立的小丘，即风蚀残丘。丘的外形各不相同，以桌状平顶形较多；一般高 10 ~ 30 米。支离破碎的残丘地表，称为风蚀劣地。

风蚀洼地

风蚀洼地

风蚀洼地是松散物质组成的地面经风蚀所形成椭圆形的成排分布的洼地。它向主风向伸展。单纯由风蚀作用造成的

洼地多为小而浅的碟形洼地；一些大型风蚀洼地都是在流水侵蚀的基础上，再经风蚀改造而成。较深的风蚀洼地如以后有地下水溢出或存储雨水，即可成为干燥区的湖泊，如中国呼伦贝尔沙地中的乌兰湖等。

蒸发量

水由液态或固态转变成汽态，逸入大气中的过程称为蒸发。而蒸发量是指在一定时段内，水分经蒸发而散布到空气中的量。通常用蒸发掉的水层厚度的毫米数表示，水面或土壤的水分蒸发量，分别用不同的蒸发器测定。一般温度越高，湿度越小，风速越大，气压越低，则蒸发量就越大；反之蒸发量就越小。土壤蒸发量和水面蒸发量的测定，在农业生产和水文工作上非常重要。雨量稀少、地下水源及流入径流水量不多的地区，如蒸发量很大，即易发生干旱。

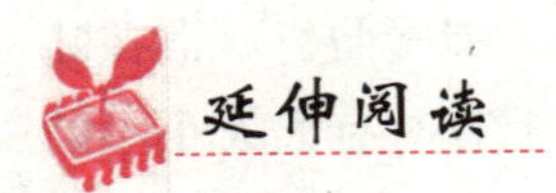

鬼斧神工——风城

乌尔禾“风城”位于准噶尔盆地古尔班通古特沙漠西北部的乌尔禾地区，方圆有数十千米。它发育在白垩纪岩层为主的构造台阶上，由岩性软硬不同的吐鲁谷砂岩和泥岩水平互层所组成。这里气候干燥、雨量少，但常以暴雨形式出现，冲沟相当发育。白垩纪地层一般都含有较多的盐分，在干燥气候条件下，风化和盐化作用很强，造成一层疏松的风化壳，使地层表面变得很疏松。而这种疏松易受侵蚀的地层，又正位于准噶尔西部著名的大风口上，经常受到六七级以上大风的吹蚀。长期风化剥蚀，在原来暴雨侵蚀地貌的基础上，形成了状如城堡、亭台楼阁、宫殿等蚀余方山地形。砂岩比较坚硬，当泥岩受到砂岩保护时，往往形成上部大、下部小的蕈状。此外，还有塔状、柱状等多种地形，甚至还有的像人形、有的像珍禽异兽等奇特形态，活灵活现，栩栩如生。蚀余方山的相对高度大都有二三十米，高者可达50米。从高处远眺，沟谷两旁不同形态的土体相互组合在一起，高低起伏，宛如一座古城废墟中街巷两边栉比相连的断垣残壁。因为这种地貌形态主要是由风的吹蚀作用形成的，因此称之为“风城”。

像乌尔禾“风城”这样的风蚀地貌，还广泛见于新疆东部兰新铁路十三间房风口以南一带。这里常年刮大风，十三间房年平均风速有9.3米/秒；第三纪的红色砂岩受到强烈风蚀，“风城”地貌也十分典型。塔里木盆地东端罗布泊洼地，在楼兰古城东北孔雀河畔一带，新第三纪红褐色粉砂岩出露的地区，也有风蚀城堡分布，一般高20~25米，顶部平坦，古代烽火台多建于其上。

重力地貌

重力地貌是主要由于重力作用使斜坡上的岩体和土体等发生显著位移而形成的地貌。在形成的过程中常常出现崩塌、滑坡和泥石流等现象，但不管哪种现象，它们持续的时间都较短，而且来得都十分突然，不但速度快，而且破坏力强，具有很大的危害性，对经济建设、交通运输和人民生命安全等都产生很大影响。在形成重力地貌的过程中，重力作用和水分活动同时产生影响，在较陡的坡面上，重力作用较重要；而在坡面较缓的地方，水分活动较为活跃。

泥石流

泥石流是介于流水与滑坡之间的一种地质作用。典型的泥石流由悬浮着粗大固体碎屑物并富含粉砂及黏土的黏稠泥浆组成。在适当的地形条件下，大量的水体浸透山坡或沟床中的固体堆积物质，使其稳定性降低，饱含水分的固体堆积物质在自身重力作用下发生运动，就形成了泥石流。泥石流是一种灾害性的地质现象。泥石流经常突然爆发，来势凶猛，可携带巨大的石块，并以高速前进，具有强大的能量，因而破坏性极大。

泥石流流动的全过程一般只有几个小时，短的只有几分钟。泥石流是一

泥石流

种广泛分布于世界各国一些具有特殊地形、地貌状况地区的自然灾害。是山区沟谷或山地坡面上，由暴雨、冰雪融化等水源激发的、含有大量泥沙石块的、介于挟沙水流和滑坡之间的土、水、气混合流。泥石流大多伴随山区洪水而发生。它与一般洪水的区别是洪流中含有足够数量的泥沙石等固体碎屑物，其体积含量最少为15%。2010年8月8日，甘肃省舟曲县发生泥石流灾害，泥沙石最高可达80%左右，因此比洪水更具有破坏力。

泥石流的主要危害是冲毁城镇、企事业单位、工厂、矿山、乡村，造成人畜伤亡，破坏房屋及其他工程设施，破坏农作物、林木及耕地。此外，泥石流有时也会淤塞河道，不但阻断航运，还可能引起水灾。影响泥石流强度的因素较多，如泥石流容量、流速、流量等，其中泥石流流量对泥石流成灾程度的影响最为主要。此外，多种人为活动也在多方面加剧上述因素的作用，促进泥石流的形成。

滑　坡

滑坡是斜坡上的岩体、土体等，在重力作用下，沿着坡面整体滑动的现象，也是一种自然灾害。和泥石流相比，滑坡的速度一般相对较慢，只有在多雨的季节，滑坡的速度才明显加快。1983年3月7日，中国甘肃省东乡族自治县曾发生了一起较大的滑坡，下滑速度高达30米/秒，掩埋了3

滑　坡

个村庄。1989 年 7 月发生在四川省华蓥市溪口镇的滑坡，使 200 多人丧生。1989 年发生在四川省的一次滑坡中，约 7000 平方米种有玉米、黄豆的土地完整地滑出了 120 米，而土地上的庄稼却完好无损。更奇的是，在滑行过程中没有留下半点泥土和石块，这是一种罕见的快速整体滑坡。

崩　塌

崩塌是陡峭的斜坡上的大块岩体、土体等物质，在重力作用下发生快速崩落的现象。这些岩体、土体等物质往往有较多的裂缝，再加上强烈的风化、水流侵蚀或地震等原因，就会发生崩塌。崩塌后在坡脚会形成倒石堆或岩屑堆。规模巨大的崩塌叫作山崩。山崩的破坏力很大，常常会毁坏森林、建筑物和村镇等，还会堵塞河流或交通线，给人民生活带来危害，必须加以防治。

知识点

位　移

物体在某一段时间内，如果由初位置移到末位置，则由初位置到末位置的有向线段叫作位移。它的大小是运动物体初位置到末位置的直线距离；方向是从初位置指向末位置。位移只与物体运动的始末位置有关，而与运动的轨迹无关。如果质点在运动过程中经过一段时间后回到原处，那么，路程不为零而位移则为零。

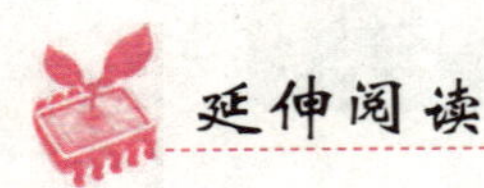

延伸阅读

舟曲特大泥石流灾害

2010年8月7日22时许，甘南藏族自治州舟曲县突降强降雨，县城北面的罗家峪、三眼峪泥石流下泄，由北向南冲向县城，造成沿河房屋被冲毁，泥石流阻断白龙江，形成堰塞湖。舟曲“88”特大泥石流灾害中遇难1434人，失踪331人。

舟曲泥石流灾害主要有以下五个方面原因：

一是地质地貌原因。舟曲是全国滑坡、泥石流、地震三大地质灾害多发区。舟曲一带是秦岭西部的褶皱带，山体分化、破碎严重，大部分是属于炭灰夹杂的土质，非常容易形成地质灾害。

二是地震震松了山体。舟曲是“5·12”地震的重灾区之一，地震导致舟曲的山体松动，极易垮塌，而山体要恢复到震前水平至少需要3~5年时间。

三是气象原因。2010年，国内大部分地方遭遇严重干旱，这使岩体、土体收缩，裂缝暴露出来，遇到强降雨，雨水容易进入其缝隙，形成地质灾害。

四是瞬时的暴雨和强降雨。由于岩体产生裂缝，瞬时的暴雨和强降雨深入岩体深部，导致岩体崩塌、滑坡，形成泥石流。

五是地质灾害自由的特征。地质灾害隐蔽性、突发性、破坏性强。2010

年国内发生的地质灾害有1/3是在监控点以外发生的，隐蔽性很强，难以排查出来。所以一旦成灾，损失很大。

由于当地为了经济发展而砍伐大量森林植被，导致水土流失极为严重，自然灾害不断，加之这次大雨，终于酿成了大灾。有“陇上小江南”之称的甘南舟曲县向来以山清水秀闻名于世，滔滔白龙江横穿全县，宛如飘逸的哈达，穿林海，越深谷，增色不少。然而，随着社会生产活动的加剧，舟曲县水土流失日趋严重，白龙江流域的自然生态环境发生了恶性变化，由此诱发的洪水、滑坡、泥石流灾害不断，严重威胁着当地居民的生存安全！舟曲境内过去一直森林茂密，近50年以来，从1958年“大跃进”时期开始，这里的森林资源遭受到掠夺性破坏。据统计，从1952年8月舟曲林业局成立到1990年，累计采伐森林189.75万亩，许多地方的森林成为残败的次生林。加上民用木材和乱砍滥伐、倒卖盗用，全县森林面积每年以10万立方米的速度减少，植被破坏严重，生态环境遭到超限度破坏，水土流失极为严重。

冻土地貌

在高纬地区及中纬度高山地区，如果处于较强的大陆性气候条件下，地温常处于0℃以下，降水少，大部又渗入土层中，不能积水成冰，而土层的上部常发生周期性的冻融，在冰劈、冻胀、融陷、融冻泥流（统称冻融作用）的作用下而产生的特殊地貌，称冻土地貌。

基岩经过剧烈的冻融崩解，产生一大片巨石角砾，就地堆积在平坦地面上，称石海；若在重力作用下顺着湿润的碎屑垫面或多年冻土层顶发生整体运动，就形成石河。石河的运动速度很小，通常年运动速度0.2～2米，运动的结果使岩块搬运到山麓堆积下来。

构造土是指由松散沉积物组成的地表，因冻裂作用和冻融分选作用而形成网格式地面，每一个网眼都呈近似对称的几何形态，如环状、多边形。

冻胀丘是由于地下水受冻结地面和下部多年冻土层的遏阻，在薄弱地带冻结膨胀，使地表变形隆起，称冻胀丘。冰锥是在寒冷季节流出封冻地表和冰面的地下水或河水冻结后形成丘状隆起的冰体。

冻土在地球上的分布具有明显的纬度地带性和高度地带性。在水平方向

冻土地貌

和垂直方向上，多年冻土带都可分出连续多年冻土带和不连续多年冻土带。后者又可分为具有岛状融区的多年冻土亚带和具有大面积融区的岛状冻土亚带。所谓融区是指多年冻土带内的融土分布地区。融区可分为两类：一类是融土从地表向下穿透整个冻土层，称为贯通融区；另一类是融土未穿透整个冻土层，其下仍有多年冻土存在，叫作非贯通融区。在多年冻土区的大河河床、湖泊底部及温泉的周围往往形成贯通融区，而小河河床、部分河漫滩及阶地、湖泊四周可能形成非贯通融区。在具有岛状融区的不连续冻土带，融区一般占总面积的 20% ~30%；而在岛状冻土区，融区面积可占 70% ~80%。多年冻土区与非多年冻土区之间的界线，在水平方向上称为多年冻土南界（北半球），在垂直方向上称为多年冻土下界。随着多年冻土动态变化，南界和下界亦不断发生变化，并且在各种非地带性因素影响下，分界线也往往不是一条直线。

自极地向低纬度方向，多年冻土分布的特征是上限逐渐加大，厚度不断减小。年平均地温相应升高。在北极诸岛，上限趋近地面，冻土厚度达 1000 米以上，年平均地温低达 -15℃；在连续冻土带南部，厚度减至 100 米以内，地温增至 -3℃ ~ -5℃；在南界附近（约北纬 48°），冻土层厚度仅 1 ~2 米，地温接近 0℃。我国东北北部大兴安岭一带属北半球多年冻土带南缘，大约每向北移 110 千米，多年冻土年平均地温下降1℃ ~1.5℃，厚度增加 20 米左右。

中低纬度高山高原地区的冻土分布，主要受海拔高程的控制。一般来说，海拔愈高，冻土上限深度愈小，厚度愈大，地温愈低。例如在我国境内，海拔每升高100～150米，冻土上限深度减小0.2～0.3米，厚度增加30米，年平均地温降低1℃。此外，高山高原冻土带亦受纬度变化的影响，如青藏高原地区大约南移100～200千米，地温升高0.5℃～1℃，冻土厚度减小10～20米。由此看来，由高度控制的冻土动态变化远较由纬度控制的更剧烈，这是和自然地带总的分布状况相一致的。

大兴安岭

大兴安岭位于中国东北，是内蒙古自治区的主要山系，南北长约1220千米，是其东侧的松辽平原与西侧高大的蒙古高原的分界。大兴安岭南起于热河高地（承德平原），北至黑龙江。山脉也是其东侧的辽河水系、松花江和嫩江水系与其西北侧的黑龙江源头诸水及支流的分水岭，山脉南段西坡的水注入蒙古高原。大兴安岭中的“兴安”系满语，意为“极寒处”，因为气候寒冷，故有此名。大兴安岭与小兴安岭相对。大兴安岭原始森林茂密，是我国重要的林业基地之一。主要树木有兴安落叶松、樟子松、红皮云杉、白桦、蒙古栎、山杨等。

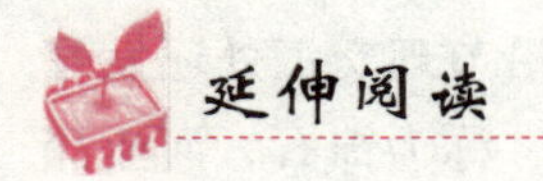

解决冻土施工难题

冻土是一种对温度极为敏感的土体介质，含有丰富的地下冰，冻土中有一定数量的未冻水存在。不含冰的岩土称为寒土。因此，冻土具有流变性，其长期强度远低于瞬时强度特征。正由于这些特征，在冻土区修筑工程构筑物就必须面临两大危险：冻胀和融沉。冻胀是因为凝结的冰块非常坚固，膨胀的冰块将土顶上来，并形成大土包。中国的青藏铁路全长1956千米，其中有长达550千米的地段需要通过冻土层，其中风火山隧道全部位于永久冻土层内，另外还有长达111千米的“片石层通风路基”。工程师需要透过多种方法如：石气冷、碎石护坡、以桥代路、热棒降温等方式使冻土层的温度稳定，以避免因为冻土层的转变而使铁路的路基不平，防止意外的发生。中国专家指出，青藏铁路的冻土区使用了“热棒”技术，所谓的热棒是一根根中空密闭的钢管，直径约15厘米，高约2米，里面注入氨水，并将热棒的一部分埋入地下，由于上下的温差会让氨水变成气体上升，带走热量，可用以降低冻土的温度，到了夏季，热棒则停止工作。2005年10月12日青藏铁路全线贯通，冻土层行车时速为100千米。

丹霞地貌

丹霞地貌发育始于第三纪晚期的喜马拉雅造山运动。这次运动使部分红色地层发生倾斜和舒缓褶曲，并使红色盆地抬升，形成外流区。流水向盆地中部低洼处集中，沿岩层垂直节理进行侵蚀，形成两壁直立的深沟，称为巷谷。巷谷崖麓的崩积物在流水不能全部搬走时，形成坡度较缓的崩积锥。随着沟壁的崩塌后退，崩积锥不断向上增长，覆盖基岩面的范围也不断扩大，崩积锥下部基岩形成一个和崩积锥倾斜方向一致的缓坡。崖面的崩塌后退还使山顶面范围逐渐缩小，形成堡状残峰、石墙或石柱等地貌。随着进一步的侵蚀，残峰、石墙和石柱也将消失，形成缓坡丘陵。在红色砂砾岩层中有不少石灰岩砾石和碳酸钙胶结物。碳酸钙被水溶解后常形成一些溶沟、石芽和溶洞，或者形成薄层的钙化沉积，甚至发育有石钟乳，沿节理交汇处还发育有漏斗。在砂岩中，因有交错层理所形成锦绣般的地形，称为锦石。河流深切的岩层，可形成顶部平齐、四壁陡峭的方山，或被切割成各种各样的奇峰，有直立的、堡垒状的、宝塔状的等。在岩层倾角较大的地区，则侵蚀形成起伏如龙的单斜山脊；多个单斜山脊相邻，称为单斜峰群。岩层沿垂直节理发生大面积崩塌，则形成高大、壮观的陡崖坡；陡崖坡沿某组主要节理的走向发育，形成高大的石墙；石墙的蚀穿形成石窗；石窗进一步扩大，变成石桥。各岩块之间常形成狭陡的巷谷，其岩壁因红色而名为“赤壁”，壁上常发育有沿层面的岩洞。

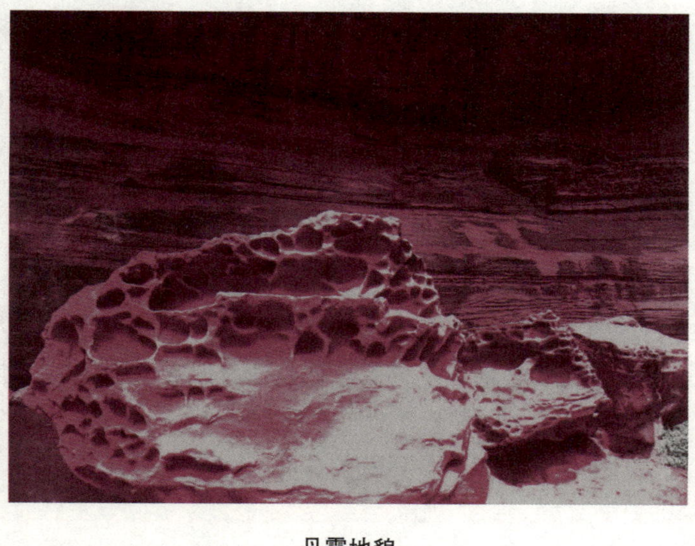

丹霞地貌

丹霞地貌主要分布在中国、美国西部、中欧和澳大利亚等地，以中国分布最广。到2008年1月31日为止，中国已发现丹霞地貌790处，分布在26个省自治区、直辖市。广东省韶关市东北的丹霞山以赤色丹霞为特色，由红色沙砾陆相沉积岩构成，是世界“丹霞地貌”命名地，在地层、构造、地貌、发育和环境演化等方面的研究在世界丹霞地貌区中最为详尽和深入。在此设立的“丹霞山世界地质公园”，总面积319平方千米，2004年经联合国教科文组织批准为中国首批世界地质公园之一。

中国的丹霞地貌广泛分布在热带、亚热带湿润区，温带湿润—半湿润区、半干旱—干旱区和青藏高原高寒区。福建泰宁、武夷山、连城、永安；甘肃张掖（张掖市临泽县和肃南裕固族自治县）；湖南怀化通道侗族自治县东北部万佛山、邵阳新宁县崀山（位于湖南省西南部，青、壮、晚年期丹霞地貌均有发育）；云南丽江老君山；贵州赤水（约有1300平方千米）；江西龙虎山、鹰潭、弋阳、上饶、瑞金、宁都；青海坎布拉；广东仁化丹霞山、坪石镇金鸡岭、南雄县苍石寨、平远县南台石和五指石；浙江永康、新昌；广西桂平的白石山、容县的都峤山；四川江油的窦圌山、成都都江堰市的青城山；重庆綦江的老瀛山；陕西凤县的赤龙山以及河北承德等地，是典型的中国丹霞地质地貌。

知识点

联合国教科文组织

联合国教科文组织是联合国教育、科学及文化组织，是联合国专门机构之一，简称联合国教科文组织。该组织于1946年成立，总部设在法国巴黎。其宗旨是促进教育、科学及文化方面的国际合作，以利于各国人民之间的相互了解，维护世界和平。2011年10月31日，联合国教科文组织正式接纳巴勒斯坦。截至2011年11月1日，联合国教科文组织有成员国195个。中国是联合国教科文组织创始国之一，1971年恢复合法地位，1972年恢复在该组织的活动。

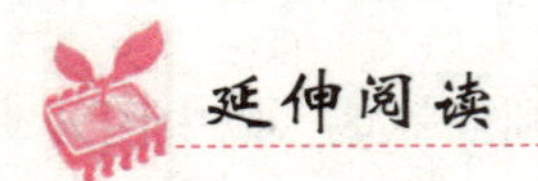

延伸阅读

赤水丹霞

赤水丹霞位于贵州省赤水市境内，是青年早期丹霞地貌的代表。其面积达1200多平方千米，是全国面积最大、发育最美丽壮观的丹霞地貌。赤水丹霞提名地核心区面积273.64平方千米，是中国丹霞提名项目中面积最大的丹霞景观，是地貌结构分异明显的纯砂岩的高原峡谷型丹霞。

赤水丹霞不同于国内其他地方，属于青年早期的丹霞，也是丹霞最美的阶段。赤水丹霞不只是单一丹霞地貌，赤水的丹霞结合了瀑布、湿地、翠林等其他大自然的美景。森林覆盖率超过90%，被称为“绿色丹霞”和“覆盖型丹霞”；而大面积古植被和2359种动植物和珍稀濒危动植物一起，更成为赤水丹霞最独特的特征。赤水的丹霞地貌，以其艳丽鲜红的丹霞赤壁、拔地而起的孤峰窄脊、仪态万千的奇山异石、巨大的岩廊洞穴和优美的丹霞峡谷与绿色森林、飞瀑流泉相映成趣，具有很高的旅游观赏价值，令游人倾倒。

中国当代丹霞地貌研究领域学术带头人、最权威的专家、中山大学黄进教授多次考察赤水后这样评价说：我走过中国的山山水水，赤水，是我所走的地方，发现丹霞面积最大、发育最完整、最年轻的地貌，在1801平方千米的范围内，有1200多平方千米的面积。所以我得出这样的结论，“赤水丹霞地貌面积之大、发育之典型，壮观美丽，当属全国第一”，“赤水丹霞地貌景观是大自然的杰作，是赤水人民的宝贵财富”，是“具有世界意义的宝贵财富”。

现在悬崖上可以看到的粗细相间的沉积层理，颗粒粗大的岩层叫“砾岩”，细密均匀的岩层叫作“砂岩”。丹霞地貌最突出的特点是“赤壁丹崖”广泛发育，形成了顶平、身陡、麓缓的方山、石墙、石峰、石柱等奇险的地貌形态，各异的山石形成一种观赏价值很高的风景地貌，是名副其实的“红石公园”。

我国地貌的基本特征

地势西高东低，呈阶梯状分布

我国地势西高东低，自西向东逐级下降，形成一个层层降低的阶梯状斜面，成为我国地貌总轮廓的显著特征。

青藏高原雄踞我国西部，海拔平均达4000～5000米，是我国最高的一级地形阶梯。高原周围耸立着一系列高大的山脉，南侧是世界最高的喜马拉雅山，海拔平均在6000米以上，超过8000米的高峰有7座，以世界最高的珠穆朗玛峰著称。高原北侧有昆仑山、阿尔金山和祁连山分布，东边有岷山和横断山等排列，地势以巨大落差降低与第二级地形阶梯相接。

高原内部分布着一系列近东西走向或北西—南东走向的山脉，海拔均在5000～6000米以上，主要有可可西里山、巴颜喀拉山、唐古拉山、冈底斯山、念青唐古拉山等。在这些山脉之间，分布着地表起伏平缓、面积广阔的高原和盆地，并有星罗棋布的湖泊；高原边缘地带为长江、黄河等亚洲著名的大河发源地。山巅白雪皑皑，高原上牧草如茵，湖光山色，交相辉映。

青藏高原外缘以北、以东，地势显著降低，东以大兴安岭、太行山、巫山、雪峰山一线为界，构成我国第二级地形阶梯，主要由广阔的高原和盆地组成，其间也分布着一系列高大山地。与青藏高原西北部毗邻的是我国最大

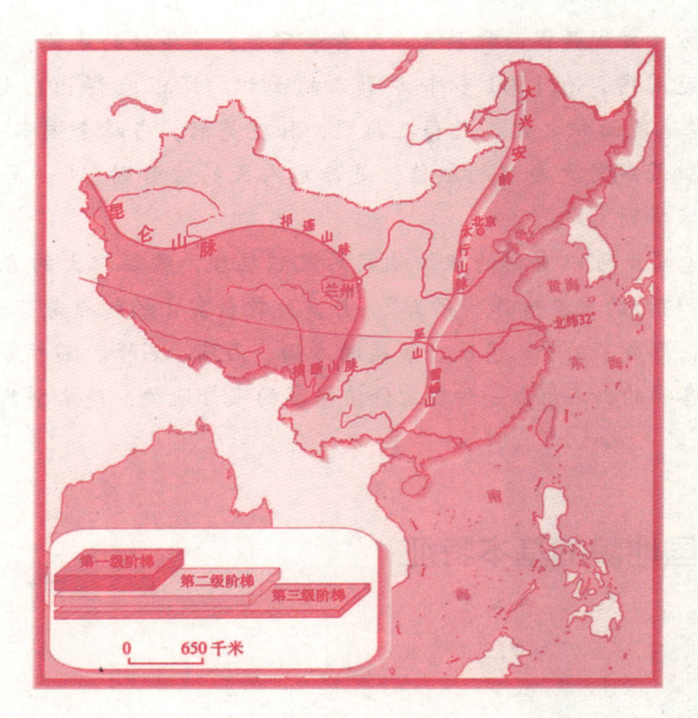

我国地势分布图

的塔里木盆地，海拔1000米左右；再往北是准噶尔盆地，海拔多在500米左右；两大盆地之间耸立着东西走向的天山山脉，海拔4000~5000米，部分山峰高逾6000米，山地内部还分布许多断陷盆地。高原东北侧与祁连山北麓相接的是河西走廊和阿拉善高原，海拔在1000~1500米之间。这些盆地和高原由于深居内陆，干燥少雨，盆地中戈壁、沙漠广布；河渠沿线，绿洲农业断续分布，高山之巅冰雪晶莹。青藏高原东缘以东的第二级地形阶梯上，自北而南分布着内蒙古高原、鄂尔多斯高原、黄土高原和云贵高原，海拔1000~2000米不等。由于地表组成物质和内、外营力的不同，使地表形态差别极为显著，有的地势起伏和缓，牧草丛生；有的荒漠广布，沙丘累累；有的沟壑纵横，梁、峁遍布；有的坝子众多，喀斯特地貌分布广泛。高原上的山地很多，如阴山、六盘山、吕梁山、秦岭、大巴山、大娄山、武陵山、苗岭等，海拔大多在1500~2500米之间，少数高峰达3000米以上。四川盆地海拔较低，大部分在500米以下。

在第二级地形阶梯边缘的大兴安岭至雪峰山一线以东，是第三级地形阶梯，主要以平原、丘陵和低山地貌为主。自北而南分布着东北平原、华北平原和长江中下游平原，海拔多在200米以下。这里地势低平，沃野千里，是我国最重要的农业基地和人口、城镇、村落密集，工业基础雄厚，交通方便的经济区。长江以南为低山丘陵，广大地区海拔不超过500米，地面起伏不平，平坦的河谷平原、盆地与低缓的丘陵、低矮断续相连的低山交错分布。在这些平原、低山丘陵以东，还有一列北北东走向的山脉——长白山、千山、鲁中山地，以及浙闽沿海的仙霞岭、武夷山、戴云山等，海拔多在500~1500米之间，虽然绝对高度不大，但从低海拔的平原和谷地仰望山峦，也颇为巍峨。在海岸线以东，为宽阔的大陆架浅海，是大陆向海洋平缓延伸的部分，水深在100~200米，宽400~600千米，为重要渔场，并蕴藏丰富的石油资源。在大陆架上，岛屿星罗棋布，以台湾岛和海南岛最有名。

山脉众多，起伏显著

我国是一个多山的国家，山地占全国总面积的1/3。从最西的帕米尔高原到东部的沿海地带，从最北的黑龙江畔到南海之滨，大大小小的山脉纵横交错，构成了我国地貌的骨架，控制着地貌形态类型空间分布的格局。如果把分割的高原、盆地中崎岖不平的山地性高原、丘陵性高原、方山丘陵性盆地包括在内，连同起伏和缓的丘陵合计来算，广义的山地约占全国陆地总面积的65%。

我国山脉虽然纵横交错，分布范围广泛，但其分布具有一定的规律性，不仅是构成宏观地貌分布格局的骨架，而且也是重要的地理分界线。根据走向，我国山脉可以分为以下几种类型：

①南北走向的山脉，位于我国的中部地区，自北而南主要有贺兰山、六盘山以及著名的横断山脉等。川西、滇北的横断山脉由一系列平行的岭谷相间的高山和深谷所组成，主要有邛崃山、大雪山、沙鲁里山、宁静山、怒山、高黎贡山等，海拔大多在4000米以上。山脉之间夹峙着大渡河、雅砻江、金沙江、澜沧江、怒江等大江大河，河谷深切，形成高差显著的平行岭谷地貌。这一南北纵列的山脉，把全国分成东、西两大部分。西部多为海拔超过3500米的高山和高逾5000米的极高山，如喜马拉雅山、冈底斯山、昆仑山、祁连山、天山等，山脉主要为北西、北西西走向；东部多

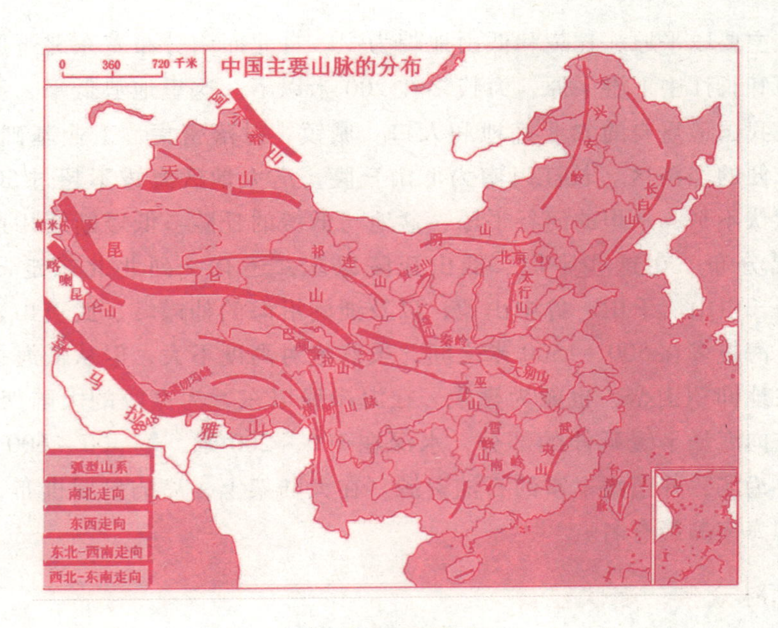

我国主要山脉分布

为海拔低于3500米以下的中山和低山，以北北东走向为主，如大兴安岭、太行山、雪峰山、长白山、武夷山等，仅台湾玉山主峰和秦岭太白山海拔超过3500米。

②东西走向的山脉主要有三列：最北的一列是天山和阴山，大致展布于北纬40°~43°之间。天山横亘于新疆中部，长1500千米，南北宽约250~300千米。中间的一列大致位于北纬33°~35°之间，西部为昆仑山，中部为秦岭，东延到淮阳山。最南的一列是南岭，大致位于北纬25°~26°之间。

这三列东西走向的山脉，距离大致相等，相距各约8个纬度，具有明显的等距性。西部的昆仑山、天山，海拔高度多在4000~5000米以上，成为青藏高原、塔里木盆地、准噶尔盆地之间的天然分界。东部的阴山、秦岭海拔1000~2000米左右，南岭仅1000米上下，也反映了西高东低的总趋势。由于我国东部总的地势较低，这些山脉仍显得高峻挺拔，都是我国地理上的重要界线。如阴山构成了内蒙古高原的边缘，秦岭是黄河与长江、淮河之间的分水岭，更是区分我国南方与北方的重要自然地理界线。南岭虽然山体比较破碎零乱，海拔高度也不大，但它不仅是长江与珠江的分水岭，而且也是华中与华南区的分界，同样具有自然地理上的重要意义。

③北西走向的山脉主要分布在我国的西半壁，主要有阿尔泰山、祁连山、喀喇昆仑山、可可西里山、唐古拉山、冈底斯山、念青唐古拉山等。青藏高原南侧的喜马拉雅山，在西段也为北西走向，向东逐渐转为东西向，表现为向南突出的弧形山脉。这些山脉大都山势高峻，气候严寒，普遍有现代冰川发育。

④北东走向的山脉主要分布在东部，自西向东分为西列、东列与外列。西列包括大兴安岭、太行山、巫山、武陵山、雪峰山等。东列北起长白山，经千山、鲁中低山丘陵到武夷山，外列分布在大陆外侧的台湾岛上，山地占全岛面积的2/3，3000米以上的山峰有62座，主峰玉山海拔3997米，不仅是台湾第一高峰，而且也是我国东部最高的山峰。

上述众多的山脉，纵横交织，把中国大地分隔成许多网格，镶嵌于这些网格中的分别是高原、盆地、平原和海盆，从而构成我国地貌网格状分布的格局。

地貌类型复杂多样

我国地域辽阔，地质构造、地表组成物质及气候水文条件都很复杂，按地貌形态区分可分为山地、高原、丘陵、盆地、平原五大基本类型。其中以

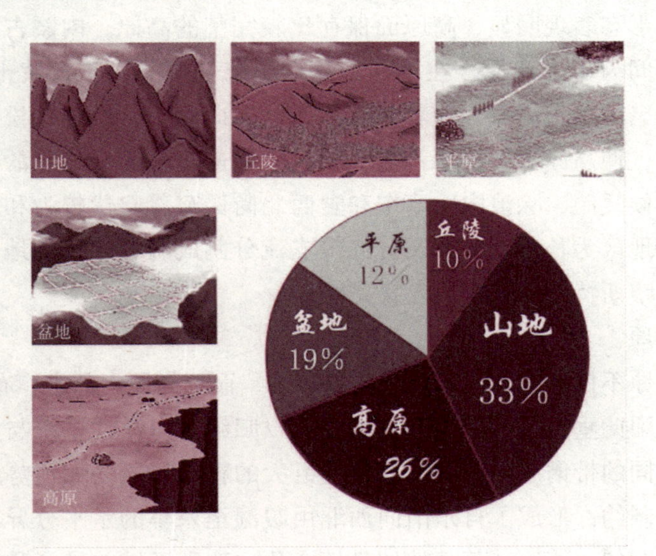

我国地形结构

山地和高原的面积最广，分别占全国面积的33%和26%；其次是盆地，占19%；丘陵和平原占的比例都较少，分别为10%和12%。在纵横交错形成我国网格状格局骨架的山地中，有四大高原、四大盆地、三大平原镶嵌于这些网格之中。

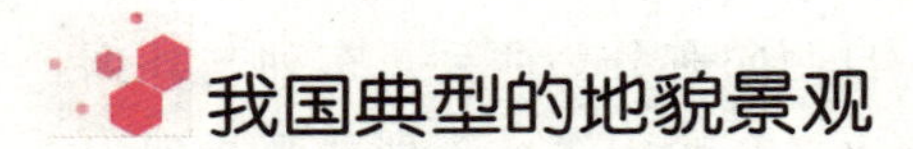

我国典型的地貌景观

四大高原

青藏高原、内蒙古高原、黄土高原和云贵高原是我国的四大高原。

青藏高原位于南侧的喜马拉雅山与北面的昆仑山、阿尔金山、祁连山之间以及岷山—邛崃山—锦屏山以西的大网格之中，是全国面积最大、海拔最高的高原。内蒙古高原、黄土高原和云贵高原均分布在第二级阶梯地形面上，受阴山、秦岭、大娄山及桂西北山地分隔，自北向南依次分布。由于地面组成物质和外营力因素的不同，高原地貌差别显著、形态各异。内蒙古高原偏处北部内陆，气候干燥少雨，流水作用弱，地表坦荡开阔，地形起伏和缓，是我国高原形态表现明显、高原面保存比较完整的高原。内蒙古高原向南与秦岭山脉之间为黄土高原。在第四纪冰期干寒气候条件下，黄土沉积旺盛，形成举世闻名的黄土高原，随着间冰期气候转向温湿，质地疏松的黄土经流水强烈侵蚀，使高原大部地区沟壑纵横、梁峁遍布。云贵高原的石灰岩分布范围广，气候暖湿，除滇中、滇东和黔西北尚保存着起伏较为和缓的高原面以外，大部地区为长江、珠江及沅江等支流分割成崎岖不平的地表。石灰岩分布地区的喀斯特地貌齐全，发育完好。

青藏高原

青藏高原不仅边缘高山环绕、高差悬殊，而且高原内部也广布许多山脉，起伏不小。因此垂直自然带普遍发育，可以归纳为海洋性系统与大陆性系统两类性质不同的带谱。另一方面，范围巨大的青藏高原受大地势结构和大气环流特点的制约，形成了自东南向西北由暖湿至寒旱的水平分异梯度，表现为从森林－草甸－草原－荒漠的地带性变化。这种区域差异又和垂直带变化紧密结合，显示出高原的独特性，形成若干各具特色的自然地理区。高原内部以高寒草甸、草原和荒漠为主体的高原垂直带呈现水平地带变化则具有强烈的大陆性高原的特色，在本质上异于低海拔相应的自然地带。

云贵高原

云贵高原是我国西南部高原，在雪峰山以西，大娄山以南，哀牢山以东，包括云南省东部、贵州省全部、广西壮族自治区西部以及四川、湖南、湖北的边境地区；海拔1000~2000米，中、西部高，向北、东、南三个斜面倾斜。北部的乌江、沅江属长江水系，东部的北盘江、南盘江、柳江属西江（珠江）水系，元江向西南流经越南（称红河）入北部湾。由于受河流切割，加之石灰岩溶蚀地貌广布，高原地貌比较破碎。贵州高原的乌蒙山、大娄山、苗岭等地地形崎岖，河流切穿处多形成峡谷。云南东部多断裂形成的山间盆地。贵州高原也有因溶蚀形成的湖盆，前者如滇池、抚仙湖等，后者如草海等。当地称山间盆地为“坝子”，是重要的农业地区。高原上山地丘陵占面积的90%；土层薄，尚有大面积宜林荒山；降水较多，宜发展杉木、马尾松、油桐、油茶等经济林木，矿产资源丰富。

内蒙古高原

内蒙古高原位于中国北部，是中国的第二大高原。内蒙古高原开阔坦荡，地面起伏和缓。从飞机上俯视高原就像浩瀚的大海，古人称之为“瀚海”。高原上既有碧野千里的草原，也有沙浪滚滚的沙漠，是中国天然牧场和沙漠分布地区之一。

横贯中国内蒙古自治区的高原，位于大兴安岭以西，阴山及北山以北，马鬃山以东，北抵蒙古，包括内蒙古大部分地区及甘肃省的北部；海拔1000~1500米，地势起伏较缓，微向北部倾斜。其中锡林郭勒、乌兰察布高原地势较高，呼伦贝尔、乌珠穆沁、居延海盆地地势较低，蒙古语称为“塔拉”。内蒙古高原东部为草原，是中国的重要畜牧业基地；西部气候干燥，为干草原、荒漠草原与荒漠。向西沙漠面积增加，戈壁广布。

黄土高原

我国的黄土高原是世界最大的黄土高原，在中国中部偏北，包括太行山以西、秦岭以北、乌鞘岭以东、长城以南的广大地区；跨山西、陕西、甘肃、青海、宁夏及河南等省区，面积约40万平方千米，海拔1000~1500米。除少数石质山地外，高原上覆盖深厚的黄土层，黄土厚度在50~80米之间，最厚达150~180米。黄土颗粒细，土质松软，含有丰富的矿物质养分，利于耕作，盆地和河谷农垦历史悠久，是中国古代文化的摇篮。但由于缺乏植被保护，加上夏雨集中，且多暴雨，在长期流水侵蚀下地面被分割得非常破碎，形成沟壑交错其间的塬、墚、峁。

千沟万壑的黄土高原

我国的四大盆地

塔里木盆地、准噶尔盆地、柴达木盆地、四川盆地是我国的四大盆地，均属于构造断陷区域。

塔里木盆地面积为53万平方千米，是我国最大的盆地。由于深处内陆腹地，又加高山环抱，地形封闭，气候极端干旱；植被稀疏，干燥剥蚀和风蚀、风积作用显著，分布着全国面积最大的塔克拉玛干大沙漠。从盆地边缘到盆地内部，地表组成物质和地貌形态呈环带状排列。环盆地边缘，受两侧高山冰雪融水滋润，分布着农业发达、人口集中的沃野绿洲，自古以来就是联系“丝绸之路”的重要通衢。

准噶尔盆地位于天山与阿尔泰山之间，面积38万平方千米，是我国第二大盆地，盆地中分布着我国第二大沙漠——古尔班通古特沙漠。因盆地西部山地不高，又有很多缺口，属半封闭型盆地，降水稍多，植被较密，主要为固定、半固定沙丘；草场广阔，畜牧业发达。盆地南缘受天山冰雪融水浇灌，绿洲农业发达，城镇集中。

柴达木盆地海拔最高，为2600～3000米，盆地四周为昆仑山、阿尔金山、祁连山所环抱，构造上属东昆仑褶皱系中的柴达木凹陷，面积20多万平方千米，为全国第三大盆地。盆地气候干燥，分布着许多盐湖和盐沼，盐矿资源品种繁多、储量丰富；有色金属、黑色金属、稀有金属资源和石油资源等也都非常丰富。盆地日照长，光能资源丰足，农业单产高；河流沿岸，牧草肥美，畜牧业也占重要地位，故有“聚宝盆”之称。

四川盆地位于青藏高原以东、巫山以西，南北介于大娄山与大巴山之间，四周山地环抱，盆地形态完整。因中生界紫红色砂、页岩分布广泛，又称“红色盆地”或“紫色盆地”。盆地面积约16.5万平方千米，虽然是四大盆地中面积最小的一个，但地处亚热带，气候温暖湿润，水系稠密，人口众多，土壤肥沃，物产丰富，经济发达，是我国富有的地区之一，向有“天府之国”的美誉。

我国的三大平原

东北平原、华北平原和长江中下游平原是我国的三大平原，集中分布于东部第三级地形阶梯上的东西向与北东向山脉之间的网格中，面积辽阔，地势低平，交通便利，人口密集，为全国主要农耕基地。

东北平原位于燕山以北，大、小兴安岭与长白山之间，南北长约1000千米，东西宽约400千米，面积35万平方千米，是我国最大的平原，以黑土面积大、沼泽分布广为特色。

华北平原南北分别是大别山与燕山，西起太行山和伏牛山，东抵山东丘陵与黄、渤海，面积31万平方千米，为我国第二大平原。因主要由黄河、淮河、海河冲积形成，所以也称黄淮海平原。这里地势低平，地面坡降很小。不少地段河床高于两岸平原之上，地上河与河间洼地相间分布，构成华北平原独特的特色。

长江中下游平原位于巫山以东的长江中下游沿岸，主要包括两湖平原、鄱阳湖平原、苏皖沿江平原和长江三角洲，呈串珠状东西向分布，面积约20万平方千米，是我国第三大平原；以地势低平、湖泊密布、河渠稠密、水田连片为特色，是全国著名的鱼米之乡。

丘　陵

我国的丘陵也主要分布在东部，即第三级阶梯地形面上，以雪峰山以东、长江以南的广大地区最集中，统称“东南丘陵”。其中，位于长江以南、南岭以北的称江南丘陵；南岭以南，两广境内的称两广丘陵；武夷山以东，浙闽两省境内的称浙闽丘陵。长江以北丘陵分布范围小，主要有山东丘陵和辽东丘陵。

东南丘陵主要分布在一系列北东走向的中、低山的两侧，其间错落排列着大大小小的红岩盆地，地表形态主要表现为绝对高度低、相对起伏小的丘陵。由于各地岩性不同，在江南丘陵分布着厚层红色砂岩和砾岩；浙闽丘陵花岗岩、流纹岩分布范围大；两广丘陵西部，石灰岩分布面积广，喀斯特地貌发育。山东丘陵和辽东丘陵坐落在山东半岛和辽东半岛上，由变质岩和花岗岩组成，地面切割比较破碎，海岸曲折，多港湾和岛屿，为著名的暖温带水果产区。

冰　川

我国西部地势高耸，并有多条高逾雪线以上的极高山。现代冰川在北起阿尔泰山，南至喜马拉雅山和滇北的玉龙山，东自川西松潘的雪宝顶，西到帕米尔之间的山巅广为分布，总面积达 58 523 平方千米，使我国成为全球中低纬度现代冰川最发达的国家。现代冰川分悬冰川、冰斗冰川、山谷冰川、平顶冰川等基本类型，以山谷冰川最常见，规模也最大。按物理性质大致以念青唐古拉山为界又可分为海洋性冰川和大陆性冰川。冰川上常出现冰面湖、冰穴、冰洞、冰塔、冰墙等千姿百态的冰晶景观。冰川的消长进退还形成冰斗、角峰、刃脊、悬谷、U 形谷、终碛、侧碛、底碛、冰碛阶地等冰蚀、冰碛地貌。地高天寒引起的寒冻风化、融雪流水和重力作用形成的石河、石海、岩屑流、岩屑堆、泥流舌等冰缘地貌分布也很普遍。

沙　漠

我国是世界上沙漠戈壁面积比较广阔的国家之一。我国的沙漠戈壁主要分布在北部，包括西北和内蒙古的干旱和半干旱地区，总面积达 128 万平方千米，约占全国面积的 13%。贺兰山乌鞘岭以西沙漠面积最大，也最集中，塔克拉玛干沙漠、古尔班通古特沙漠、巴丹吉林沙漠、腾格里沙漠是我国四大沙漠，都分布在这一地区。在大沙漠的边缘和外围，有带状或环状的戈壁分布。

塔克拉玛干沙漠

塔克拉玛干沙漠位于中国新疆的塔里木盆地中央，是中国最大的沙漠，也是世界第二大沙漠，同时还是世界最大的流动性沙漠。整个沙漠东西长约 1000 公里，南北宽约 400 公里，面积达 33 万平方公里。平均年降水不超过

100 毫米，最低只有四五毫米；而平均蒸发量高达 2500～3400 毫米。这里，金字塔形的沙丘屹立于平原以上 300 米。狂风能将沙墙吹起，高度可达其 3 倍。沙漠里沙丘绵延，受风的影响，沙丘时常移动。沙漠里也有少量的植物，其根系异常发达，超过地上部分的几十倍乃至上百倍，以便汲取地下的水分；那里的动物有夏眠的现象。

湖　泊

天然鱼库——鄱阳湖

鄱阳湖是中国最大的淡水湖。它位于长江中游南岸，江西省北部的平原上，面积约 3960 平方千米，浩瀚万顷，水天相连，犹如万里长江腰带上系着的一个巨大的宝葫芦。江西省的赣江、修水、抚河、信江、鄱江等五大河流从东、南、西三个方向汇入鄱阳湖，向北经湖口注入长江，是一个排水湖。在元古代时，这里还是海槽，直至三叠纪末期才变为陆地。由于燕山运动，这里的地壳发生多次断裂陷落，便形成了鄱阳盆地的雏形；在距今 7000～6000 年时，受海侵的影响，积水成湖，古时称为“彭蠡”；后来被长江一分为二，江南的彭蠡继续南侵，就扩展为现在的鄱阳湖。这种主要由于构造运动形成的湖泊，称为构造湖。鄱阳湖内鱼类资源丰富，有银鱼、鳜鱼等 90 多种，年产量达 2.5 万吨以上，享有“天然鱼库”之称。

美丽的鄱阳湖

青海湖

青海湖是中国最大的湖泊。它位于青海省东北部，形状像一只平放的梨，东西长100多千米，南北宽60多千米，面积约为4635平方千米。第四纪早期这里发生多次地层断裂，四周隆起形成山地，中央陷落成湖盆，逐渐积水为湖。开始是一个有排水口的淡水湖，随着周围山地的不断抬升，最后成为不向外排水的内陆湖了，并且随着水分蒸发，盐分积累，而变成咸水湖。大约有50多条大大小小的河流注入青海湖，湖水清澈透明，能看得见10米以下的物体，怪不得蒙语叫它“库库诺尔”，藏语称它“错温布”，都是“青色的海”的意思。湖中有5座小岛，形态各异，栖息着众多候鸟。每年5月下旬，斑头雁、鱼鸥、鸬鹚、赤麻鸭等南来候鸟都飞到青海湖来，五颜六色，煞是好看。其中最著名的岛屿已被列为国家重点自然保护区。

泉

泉是从地表连续或间歇涌出的地下水流。它只有在适宜的地形、地质、水文等条件下才能形成。人们常常根据不同的情况，把泉归类划分。如根据泉水的温度分为温泉和冷泉；根据泉水出露的条件和状况，分为接触泉，断层泉，裂隙泉和溶洞泉，以及白浪滚滚喷涌而出的涌泉，时有时无的间歇泉，拔地而起的喷泉，稀奇古怪的水火泉、冒鱼泉、含羞泉，等等。那些富含矿物质的泉称为矿泉，有的矿泉有独特的医疗作用。中国是个多泉的国家，从南到北，从西到东都有分布。由于中国地处亚欧板块、太平洋板块和印度洋板块的接触地带，地壳运动比较活跃，所以温泉较多，全国约有2600多处，其中有一半集中分布在西藏、云南、广东和台湾。

温　泉

温泉是泉水温度较高的泉，一般指泉水温度高于当地年平均气温的泉。按照中国的气候条件，南方的温泉水水温一般超过25℃，北方的温泉水水温超过20℃，不过也有低于这个标准的温泉。也有人认为水温超过20℃的泉水叫作温泉。在地壳中越往下，温度就越高，因此泉水温度越高，也就是地下水来的地方越深。不过，还有的却是在火山等地壳活动带的地下水，受到高热的熔岩或未冷却的火山物质等的加温，再出露地表成为温泉的。所以在火

温　泉

山活动区附近，往往有不少温泉，像台湾的大屯火山区有北投、阳明山、关子岭、四重溪等著名温泉；云南腾冲火山群附近有硫磺塘、黄瓜箐热水沟和澡塘河等高热温泉。

虎跑泉

虎跑泉是位于杭州西湖和钱塘江之间的大慈山下的名泉。据神话传说，唐朝元和年间，有一个名叫寰中的和尚居住在这里，由于缺少水想离开，神仙就帮助他，派了两只老虎来“跑地作穴”，泉水从此便淙淙地流了出来，所以叫虎跑泉。其实虎跑泉的形成是因为它附近的岩层是节理较多的砂岩，而且都向东南倾斜，加上虎跑泉边上有一个断层，所以地下水都沿着裂隙、顺着层面汇集而成。水是从砂岩中渗过来的，带来的溶解矿物质也不多，所以泉水清冽甘甜，它和龙井茶一起，被人们誉为“杭州二绝”。虎跑泉水的分子密度和表面张力都比较大，当你舀满一杯泉水，再向杯中慢慢投入硬币，水会高出杯子 2 ~3 毫米，令人叹绝。

泉　城

泉城又称“泉都”，是山东省济南市的美称。济南素以泉水众多而名扬天下，古人称有七十二名泉。据调查，仅市区范围内就有 100 多处，怪不得有人赞美它是“家家泉水，户户垂杨”。为什么这么多的泉水聚集在这里呢？这是因为济南南面是千佛山，北面是华北平原。千佛山表面出露的大多是灰岩，这些岩层有许多孔隙、裂隙和洞穴，并且倾斜地伸入济南城的地下，大气降水和地表水就顺着这些岩层向下运动，但是华北平原地下侵入的岩浆岩挡住了它的去路，于是积聚在济南城地下，只要有裂缝的地方，它便被压了出来成为涌泉。济南最有名的趵突泉就是这样形成的。泉内三股水奔涌而出，尽管现在比以前低多了，但是还像堆雪砌玉一般，昼夜不停，甚为壮观。趵突泉的水质清醇可口，最适宜煮茶饮用。

月牙泉

甘肃敦煌著名的月牙泉，早在2000多年前就已被载入史册。月牙泉水流出的湖面形状酷似月牙，泉水岸弯度饱满，如新月一般。泉水清冽甘美，澄澈碧绿。泉水湖南岸有90多个寺庙，规模宏伟，气势不凡。寺庙中有彩塑、壁画，周围有树木花草。于是，沙漠中这一奇特的风景名胜区被称为“月牙晓澈”，并成为著名的敦煌八景之一。然而最奇特的是，月牙泉虽然周围沙山连亘，但几千年来却“沙填不满”。原来，月牙泉北、西、南三面皆山，只有东面是风口。当风从东面吹来时，受到高大的沙山阻挡，气流只能在山中旋转上升，把山下的细沙带到山顶，并与山外吹来的风相平衡。这样，便使得山顶的沙不可能被风吹到山下，从而失去了形成流沙的条件，并造成沙泉共存这一奇特的自然景观。

名山险峰

黄　山

黄山是中国最著名的游览风景区之一。它坐落在安徽省南部，号称有七十二峰，到处峰峦叠嶂，奇峰怪石，云雾缭绕。明代大旅行家徐霞客在游黄山后留下了“五岳归来不看山，黄山归来不看岳”的诗句。相传中国古代黄帝曾在此修身炼丹，所以叫黄山。令人仰慕的黄山美景是大自然留给我们的财富。在2亿多年前，这里还是一片大海，后来由于地壳运动，这里抬升为陆地。在上升的过程中，这里还发生了岩浆活动。由于岩浆喷发冷凝后

黄　山

形成的花岗岩上的节理比较脆弱，容易受到风化和侵蚀，在外力作用天长日久的“雕琢”下，就形成了黄山的奇峰怪石。人们根据它们的形状，起了“猴子观海”、“武松打虎”等形象的名字，而且还流传着不少有趣的传说。怪石、云海、奇松、温泉合称为“黄山四绝”。

庐　山

庐山位于长江南岸鄱阳湖西侧。传说在殷周时代曾有匡氏兄弟在这里结庐隐居，所以又称为“匡庐山”。庐山是一座因断层而隆起的断块山，而东侧的鄱阳湖则是断裂下陷地区，使庐山犹如平地拔起一般，令人格外注目。庐山不但是闻名中外的旅游胜地，而且是中国东部发育有第四纪古冰川的典型地区。游览庐山虽然四季均可，但以夏季最佳，因为夏季庐山多云雾和飞瀑，风光秀丽，游人可一饱眼福。

华　山

华山耸立在陕西省的渭河平原和秦岭山脉之间，属于秦岭山脉的东段，是一座由花岗岩构成的断块山。在五岳中以它的海拔高度为最高，由东、南、西、北、中五峰组成，犹如一朵盛开的莲花，在古代“花”和“华”二字相通，所以叫华山。在华山可以看到多处断崖千尺、陡峭无比的险峻情景，连华山的一些名胜，也起了如“千尺幢”、“百尺峡”、“上天梯”、“苍龙岭”等令人生畏的名字，享有“奇险天下第一山”之称。华山为什么会这样险峻呢？这就和地壳运动有关了。华山刚好处在一个断层地带，它北面的渭河平原是一个下沉区，而南面的秦岭却不断上升，使位于秦岭北坡的华山随着不断上升变得又高又陡了，这里奇峰突起，壁立千仞，所以有“华山自古一条路”的说法。华山的“擦耳崖”更为险峻，人们只能小心地摸着山壁缓缓而过，甚至耳朵也常常要擦着山崖。华山还有着许多名胜古迹和美丽的传说，来这里旅游倒是要有一点胆量的。

泰　山

泰山耸立在山东中部黄河南岸，是一座由片麻岩所构成的断块山地。就高度来看，泰山的高度仅排在五岳中的第三位，但却被誉为“五岳独尊”、“五岳之长”，甚至有诸如“稳如泰山”、“泰山压顶”等成语，这倒底是什么原因呢？我们打开地图后，不难发现泰山周围是平坦的华北平原，在附近的开阔地区内，再也找不出比它高的山峰了，这就显出了泰山“拔地通天”的气势。就泰山的岩石年龄来看，“独尊”也是当之无愧的，这里的岩石年

泰 山

龄已有25亿年的历史。登泰山时，我们会发现它有三个明显的梯阶，天然地形成了一天门、中天门和南天门3个天门，其实这是在1亿多年前所产生的断裂错动而形成的，因此整个泰山巍峨陡峻、壮丽无比。从山麓的岱宗坊到最高峰玉皇顶，修筑有6293级石阶供游人攀登，山腰的十八盘更为险峻。登临山顶，可见“旭日东升”、“晚霞夕照”、“黄河金带”和“云海玉盘”等四大奇景。

五大连池火山群

五大连池火山群位于黑龙江省五大连池市。方圆400多千米的火山群内有14座老火山。由于喷发周期较短，火山锥体的规模一般都较小，相对高度不超过300米。据古籍记载，其中老黑山和火烧山的火山锥是在公元1719年至1921年间喷发而形成的。这次火山喷发出的岩浆在由高向低倾泻时，分段阻塞了山脚下日夜奔流的白河，形成了5个串珠状的火山堰塞湖，虽大小不一，却依然连结在一起，故合称五大连池，火山群也因此而得名。这里的火山熔岩流千姿百态，如麻花状、翻花状、爬虫状、蟒状、绳状以及熔岩瀑布。在药泉山下，熔岩形成了奇特的青色的石龙，宽几十米，由北向南连绵数千米，石龙上到处可见到石头的激流、石头的怒涛、

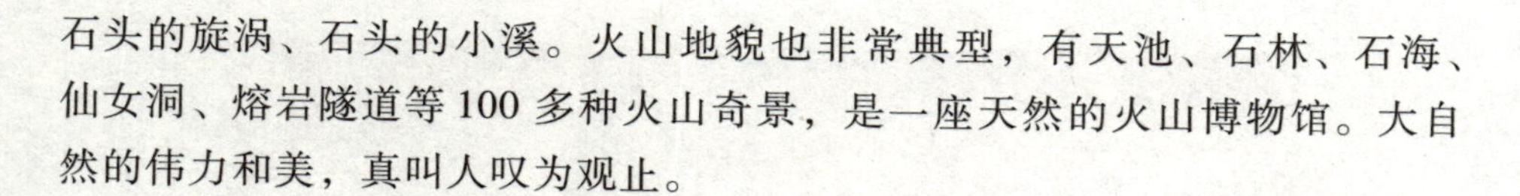
石头的旋涡、石头的小溪。火山地貌也非常典型，有天池、石林、石海、仙女洞、熔岩隧道等100多种火山奇景，是一座天然的火山博物馆。大自然的伟力和美，真叫人叹为观止。

岛　屿

伸向黄海的半岛——山东半岛

华北大平原的东南面是伸向海洋的一个半岛，因为它位于太行山以东，所以叫作山东半岛。山东半岛是我国最大的半岛。它的北、东、南三面被渤海和黄海包围，隔海与北面的辽东半岛遥遥相望，两大半岛共同环抱着渤海。

山东半岛

山东半岛的地形以丘陵为主，丘陵约占总面积的7/10。泰山、蒙山、鲁山、沂山、崂山等，是丘陵地上突起的山峰。

位于半岛南部胶州湾东南岸的青岛市，是全国闻名的优良海港。青岛三面环海，一面与大陆相连，系属半岛中的小半岛。这里景色秀丽，气候宜人。分布在青岛东北角的崂山，巍峨挺拔，气势磅礴，是著名的游览胜地。

山东半岛北岸的烟台是一个优良海港。烟台市区背山面海，芝罘岛、崆峒岛及其他小岛屹立港北形成天然屏障。

山东半岛海岸线蜿蜒曲折，沿岸港湾众多，为发展海运、渔业和养殖业提供了有利条件。

我国最大的群岛——舟山群岛

舟山群岛在浙江省东北部、杭州湾外东海中，北起嵊泗列岛，南至六横岛，有舟山、普陀、长涂山、岱山、衢山、大鱼山、桃花岛等大小岛礁600多个。其中舟山岛最大，面积541平方千米，是我国第四大岛。

舟山群岛

舟山群岛地区降水多，相对湿度大，区内海水年平均温度为20℃～24℃，属温带海洋性气候。这里海湾众多，海面辽阔，且有暖流和寒流交汇，水质肥沃，饵料丰富，因此海生生物极为丰富，是一个天然的渔业基地。这里的舟山渔场是我国最大的渔场，本区盛产的大黄鱼、小黄鱼、墨鱼、带鱼合称为四大经济鱼类。

舟山群岛中有一个美丽的小岛，岛上的普陀山秀奇瑰丽，是我国四大佛教名山之一。岛上奇岩幽洞，古刹琳宫，名胜古迹，比比皆是；周围海洋，洪波浩渺，水天相连，是极好的游览胜地。

未来地球的容貌

未来的地球地貌发展趋势将会怎样，人类将往何处去？历史进入20世纪以后，人类社会前进的每一步，所取得的每一个文明成果，对地球所进行的每一点改造，无不体现了人类对地球的掌控欲望。然而，人类无休止地向大自然索取资源，随意地向大自然排放废物，地球的生物圈遭到严重破坏：大气的臭氧层被破坏，全球气候变暖；冰川融化，海平面上升淹没沿海城市；耕地和居住地被沙漠吞噬。

地球的未来，我们也许难以准确地描绘，但是，人类对地球环境的影响却使得某些可能发生的现象变成必然趋势，我们也就可以有理有据地预测一下地球未来的命运。千百年、百万年之后，我们的地球会是什么样子？地表上的大好河山是否依旧？人类文明能不能得以延续？或许，地球的命运掌握在人类手中。

地球的未来

地球的未来与太阳有密切的关联，由于氦的灰烬在太阳的核心稳定地累积，太阳光度将缓慢地增加，在未来的11亿年中，太阳的光度将增加10%，之后的35亿年又将增加40%。气候模型显示，抵达地球的辐射增加，可能会有可怕的后果，地球上的海洋可能消失。

地球表面温度的增加会加速无机的二氧化碳循环，使它的浓度在9亿年间还原至植物致死的水平（对C4光合作用是10 ppm）。缺乏植物会导致大气层中氧气的流失，那么动物也将在数百万年内绝种。而即使太阳是永恒和稳定的，地球内部持续的冷却，也会造成海洋和大气层的损失（由于火山活动降低）。在之后的数十亿年，地球表面的水将完全消失，并且全球的平均温度将可能达到70°C。

太阳，在大约50亿年后将成为红巨星。模型预测届时的太阳直径将膨胀至现在的250倍，大约1天文单位（149597871千米）。地球的命运并不很清楚，当太阳成为红巨星时，大约已经流失了30%的质量，所以若不考虑潮汐的影响，当太阳达到最大半径时，地球会在距离太阳大约1.7天文单位（254316380千米）的轨道上，因此，地球会逃逸在太阳松散的大气层封包之外。然而，绝大部分（如果不是全部）现在的生物会因为与太阳过度的接近而被摧毁。可是，最近的模拟显示由于潮汐作用和拖曳将使地球的轨道衰减，也有可能将地球推出太阳系。

太阳辐射

太阳辐射是指太阳向宇宙空间发射的电磁波和粒子流。地球所接受到的太阳辐射能量仅为太阳向宇宙空间放射的总辐射能量的二十亿分之一，但却是地球大气运动的主要能量源泉。

太阳辐射通过大气，一部分到达地面，称为直接太阳辐射；另一部分被大气的分子，大气中的微尘、水汽等吸收、散射和反射。被散射的太阳辐射一部分返回宇宙空间，另一部分到达地面。到达地面的这部分称为散射太阳辐射；到达地面的散射太阳辐射和直接太阳辐射之和称为总辐射。

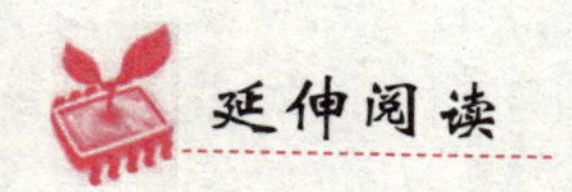

太　阳

太阳是太阳系的母星，太阳也是太阳系里唯一会发光的恒星，也是最主要和最重要的成员。它有足够的质量让内部的压力与密度足以抑制和承受核聚变产生的巨大能量，并以辐射的形式，例如可见光，让能量稳定地进入太空。太阳在分类上是一颗中等大小的黄矮星，不过这样的名称很容易让人误会，其实在我们的星系中，太阳是相当大与明亮的。恒星是依据赫罗图的表面温度与亮度对应关系来分类的。通常，温度高的恒星也会比较明亮，而遵循这一规律的恒星都会位于所谓的主序带上，太阳就在这个带的中央。但是，比太阳大且亮的星并不多，而比较暗淡和低温的恒星则很多。

太阳在恒星演化的阶段正处于壮年期，尚未用尽在核心进行核聚变的氢。太阳的亮度仍会与日俱增，早期的亮度只是现在的75%。

太阳是在宇宙演化后期才诞生的第一星族恒星，它比第二星族的恒星拥有更多的比氢和氦重的金属（这是天文学的说法：原子序数大于氦的都是金属）。比氢和氦重的元素是在恒星的核心形成的，必须经由超新星爆炸才能释入宇宙的空间内。换言之，第一代恒星死亡之后宇宙中才有这些重元素。最老的恒星只有少量的金属，后来诞生的才有较多的金属。高金属含量被认为是太阳能发展出行星系统的关键，因为行星是由累积的金属物质形成的。

除了光，太阳也不断地放射出电子流（等离子），也就是所谓的太阳风。这条微粒子流的速度为每小时150万千米，在太阳系内创造出稀薄的大气层（太阳圈），范围至少达到100天文单位（日球层顶），也就是我们所认知的行星际物质。太阳的黑子周期（11年）和频繁的闪焰、日冕物质抛射在太阳圈内造成的干扰，产生了太空气候。伴随太阳自转而转动的磁场在行星际物质中所产生的太阳圈电流片，是太阳系内最大的结构。

地表的未来

5000 万年后，按照冰川期变化规律，将迎来新一季冰川，一些现存的脆弱种群将消失。北半球亚欧大陆覆盖着茫茫积雪，南美洲雨林退化成大草原，北美洲则由针叶阔叶林变为大沙漠；非洲板块向上挤压，直布罗陀海峡闭合，地中海由内陆湖变为大盐场。亚欧大冰川会导致一些现存的脆弱种群消失，它们的位置被现存的一些生物取代，并在这个时期得以进化。一些生物依赖两种环境，一些生物却只能在自己的环境中生存。南美大草原环境的改变会进化出一批新的猎手和猎物。北美大沙漠将出现地上和地表下两套不同的小生态系统。

大约 1 亿年后，冰川期过去，南北极冰雪融化，加上海底大量岩浆喷发，海平面上升，地球气候进入新一轮温暖湿热期，造就了大片的浅海区、沼泽和雨林；同时，由于地壳板块移动，板块之间的挤压产生了比现在更广袤的高原区。

2 亿年后，根据现有地壳板块移动情况，这个年代的大陆又会合为一体，类似地质年代上的泛大陆。同时大量的火山爆发造成了新一轮生物种群灭亡。由于内陆受海洋影响小，形成大量的沙漠，并产生至少两种截然不同的沙漠生态系统——内陆自给式和沿海依赖式，某些沿海地区的雨林则可能进化出新的智慧生命。

再过 3 亿 ~5 亿年，地球的最高温度可能会达到 60℃ ~70℃，就是南北两极的最低温度也会达到 0℃ 以上。到那时，整个地球上所有的冰川将会全部融化而消失。几十亿年以前整个地球几十亿平方千米面积的巨大的冰层世界，将会在地球上再也找不到一点痕迹，冰将会成为永远的过去，而从地球上永远消失。

在赤道两旁的热带、亚热带地区及我国的广东、海南等地，由于天气炎热，温度过高，已不适宜人类及所有的动物生存，人类和动物将会迁移到南北两极及温度适宜的地区居住。南北两极由于冰川的全部融化而暴露出的山川和陆地将会成为人类居住的密集区，会成为植物、树木及农作物生长繁殖的主要地区。

再过5亿~10亿年左右，地球的温度将会升高到100℃以上。巨大的海洋由于温度已过沸点而会如开水一样沸腾，并将逐渐被吸收、蒸发而干涸，从此地球上再也找不到一滴水。地球上的动植物包括人类由于温度过高而不能生存，将会全部消失。

知识点

冰期

冰期是指具有强烈冰川作用的地史时期，又称冰川期。冰期有广义和狭义之分：广义的冰期又称大冰期，狭义的冰期是指比大冰期低一层次的冰期。大冰期是指地球上气候寒冷，极地冰盖增厚、广布，中、低纬度地区有时也有强烈冰川作用的地质时期。大冰期中气候较寒冷的时期称冰期，较温暖的时期称间冰期。大冰期、冰期和间冰期都是依据气候划分的地质时间单位。大冰期的持续时间相当于地质年代单位的世或大于世，两个大冰期之间的时间间隔可以是几个纪，有人根据统计资料认为，大冰期的出现有1.5亿年的周期。冰期、间冰期的持续时间相当于地质年代单位的期。

延伸阅读

海平面上升和气候变暖

讲气候变化，海平面上升是很吸引眼球的新闻。其实大海并不是一个平面，海洋不同地方的海平面高度并不都是相同的，不同的大洋之间的海洋高度能相差不少。人类关心的、观测到的，实际上是沿岸的海平面。影响沿岸海平面变化的因素非常多，比如潮汐、天气，比如气候变化，还有陆地本身的上升、下降等等，当然不同的因素有不同的时间尺度。

人类对沿岸海平面变化的观测很早，当然早期资料的代表性普遍不足。地中海的资料比较好一些，观测到从公元1世纪到1900年的漫长时间里面，地中海的海平面变化幅度没有超过正负25厘米，或者说基本上是稳定的；这期间地中海的海平面升降的变化速率，基本上都在每年0~2毫米之间。进入近代以后，19世纪后半期，世界各大洋面都有了观潮仪，这样就有了对所有大洋洋面高度的监测数据。这些历史数据里面能发现明显的海平面加速上升的趋势，但是数据还不足以做定量分析。全面系统的观潮仪的数据记录是从1961年开始的，观察到1961年到2003年间，全球海平面上升的平均速度是每年1.8±0.5毫米，这期间海平面并不是单纯地升高，而是有的年头升高，有的年头降低。更加全面的海平面数据是从1993年卫星进行测量开始的，理论上，卫星观测可以得到最直接的海平面观测数据。卫星观测到1993年到2003年间，全球海平面上升速度是每年3.1±0.7毫米，速度明显比此前加快。但是这个加快仅仅是短期变化还是有长期趋势，目前还不好下结论。从观潮仪的记录来看，1993年到2003年的海平面上升速度在20世纪50年代以后就曾经发生过，并不具有唯一性。

和很多气候问题一样，尽管全球海平面呈现了整体的升高趋势，但是各个大洋的海平面变化各有不同。观察到从1992年以来，最大的海平面上升发生在太平洋西部和印度洋东部，整个大西洋的海平面除了北大西洋部分地区外基本上在上升，但是在太平洋东部部分地区和印度洋西部，海平面实际上在下降。有兴趣的可以关注一下几个嚷嚷得很厉害的小岛国的位置，看看对他们来讲，问题究竟是不是真的存在，是不是真的很迫切。不同的岛国，情况还是很不同的。

预测一：冰川融化殆尽

喜马拉雅山冰川可能在2035年消失

印度国家地球物理学研究所的穆尼尔·艾哈迈德表示，克什米尔地区一处喜马拉雅大冰川在2007年缩短了几乎22米，而其他几处小型冰川已经完全消失了。

印度气象厅的阿吉特·蒂亚吉说，如果地球依然保持目前的变暖速度，

冰川融化

冰川消融的速度甚至会加快。阿吉特在曾经举行的一次会议上说，1.5 万米的喜马拉雅冰川组成了一个独特的水库，为终年流淌的印度河、恒河与布拉马普特拉河提供了源泉，而这些河流正是南亚国家十几亿人口的主要饮用水来源。从目前的冰川融化速度来看，流淌在印度平原北部的大江大河有可能在不久的将来变成季节性河流。

有些科学家认为，悬浮在亚洲上空的将近 2 英里厚的污染云可能是问题的成因之一。人们原先认为，因烧柴烧粪和焚田焚林形成的污染云能够遮挡阳光，有助于降低地面温度，但科学家现在了解到，那些云里的烟灰颗粒物其实会吸收阳光，使地面吸收的热量增加近 50%。

针对喜马拉雅山冰川有可能在 2035 年完全消失的报道，中科院专家、玉龙雪山冰川与环境观测研究站站长何元庆表示，从他观测的情况来看，不可能出现这种现象。

何元庆指出，玉龙雪山融化得要比喜马拉雅山冰川快，但根据他的观测，玉龙雪山平均一年厚度也就减薄 3 米，他认为一年减少 22 米的高度是不太可能的，况且就算每年融化 22 米的高度，但这个量对于海拔六七千米的喜马拉雅山冰川来说也不至于会在 50 年内消失。何元庆介绍说，全球温度受气候影响是波动性的，影响气候变暖的因素有两个：一是自然因素，包括太阳活动和宇宙环境的自然改变对地球的影响；另外一个是人类活动因素，包括温室气体排放、土地利用、绿地减少等等。

在此问题上，何元庆乐观地认为，如果按照自然的变化，未来几十年全球气候不一定会持续升温，或许有可能进入全球变冷的阶段；在人为因素方面，全球正在积极减排，也有助于遏止气候变暖的趋势。

要融化整个喜马拉雅山冰川，全球气温至少需要升高5℃以上，而从过去20多年的变化来看，全球的平均温度才升高了不到0.74℃。从事冰川研究38年的中科院研究员张文敬也指出，从另外一个方面来讲，冰雪的消融必然要吸收大量的热量，反过来又限制了气温的进一步升高，这就是一个循环的调节过程。况且，喜马拉雅山中西部的珠穆朗玛峰北坡的冰川冰温低达-6℃～-10℃左右，就算地球平均气温升高3℃～6℃，也仅仅是将它们的冰温提高或接近融化状态的临界温度区间而已，仍达不到使其“冰河日下，江山为之变色”的地步。

所以，喜马拉雅山冰川会不会很快融化，要取决于人们治理环境的进程和效果，将来的喜马拉雅山冰川会变成什么样子仍然无法准确预测。

落基山脉冰川30年后消失

加拿大科学家日前指出，在未来的二三十年中，北美大陆西半部的基本水源——落基山脉的冰川将会全部融化。在过去的25年中，由于对这一问题的忽略而耽搁了时间，目前，每年冰川融化的速度超过了结冰的程度。在过去的100年中，落基山脉的阿萨巴斯卡冰川后退了1.5千米。

冰川后退是一个全球性的问题。研究加拿大北极环境问题的罗伯·斯伯特教授说，从目前科学考察的数据来看，我们可以看到北极冰川的厚度和宽度都在缩小，现在部分北极水域的冰层厚度比20世纪70年代减少了大约40%。从世界各地的高山冰川来看，欧洲的阿尔卑斯山脉、非洲的乞力马扎罗山脉等都面临着冰川消融的问题。

高山冰川是河流的发源地，冰川通常应该缓慢地消融，允许溪水和河流常年流畅。在仲夏和夏末时节，人们用水量最大，而冰川融化水量也是最大的。如果落基山脉冰川在二三十年后消失，那么，许多河流就会成为季节河。人们只能在春季冰雪融化时通过水库来储备水。此外，高山冰川融化还带来了冰川中沉积的核试验以及其他有害化学物质的污染释放问题。但许多生态学家认为，冰川消失、水资源短缺将是一个更难对付的问题。

加拿大生态学家辛德勒教授指出，虽然目前的气候转暖和干旱有一部分是自然原因造成的，但无疑人类对环境的影响是其中的一个主要因素。从长远来看，如果全球对生态环境状况的重视和保护措施得力，在一个世纪之后，将可能使冰川再现。因此，目前保护生态的意义重大。

委内瑞拉西南部内华达山山脉上的雪线正以平均每年 9 米的速度升高，受此影响，雪山上的冰川极有可能在未来 13 年内完全消失。

据委内瑞拉《最新消息报》报道，温室气体排放增加、大片森林被毁是造成委内瑞拉境内冰川面积快速减少的主要原因。在过去 30 年里，内华达山脉上的冰川面积从最初的 1.37 平方千米下降至 0.43 平方千米。报道说，从长远看，冰川的消失将使委内瑞拉部分河流、湖泊的水量下降，导致淡水资源减少，影响周围地区居民的用水情况。

在伦敦举行的一次学术会议上，来自大学、政府研究机构和联合国政府间气候变化小组的数十位珊瑚礁及气候变化方面的专家预计，到 21 世纪中叶，全球大气中的二氧化碳浓度将达到 45ppm，日益变暖的气候和日渐酸化的海水将对珊瑚礁的生存产生严重威胁，此后数十年内珊瑚礁的生长将逐渐停止直至灭亡。

作为“生命母亲”的海洋就好似一个巨大的“碳调节器”，以其天然的碱性，不断吸收并分解着地球上大量的二氧化碳，调节着世界各地的气候。有学者称，自工业革命以来的 200 多年时间里，海洋大约吸收了一半以上人类产生的二氧化碳；目前地球上每人每年产生的二氧化碳中有 1 吨左右仍需依靠海洋进行吸收。自 20 世纪四五十年代，化石能源得到更为广泛的应用以来，人类碳排放速度和总量与此前不可同日而语，海洋虽然广阔无垠，却仍然有其极限。大气中二氧化碳水平从工业化时代前后的 2ppm 已飚升至如今的 37ppm。

格陵兰冰川正在加速消失

研究人员发现，和 10 年前相比，格陵兰冰川融化的速度增长了 2 倍。这意味着大西洋的上升速度可能比预期的要快。研究人员说，地面空气温度的升高可能是造成这一切的罪魁祸首。

研究人员认为，全球的冰川都正在加速消失。美国国家航空航天局的学者 Eric Rignot 说："格陵兰冰川的融化速度以及海平面的上升速度可能比预想的要快。1996 年至 2006 年间，格陵兰融化到大西洋的水量增加了 1.5 倍，从每年的 90 立方千米上升到了 220 立方千米。1 立方千米的水量等于洛杉矶全年的用水总量。200 立方千米的水量是一个很大的数量。"专家们认为，大家低估了未来海平面上升的速度。

英国剑桥大学 Scott Polar 研究所的 Julian Dowdeswell 说："格陵兰冰川如果完全融化，将让海平面升高 7 米。"这份研究没有研究造成格陵兰地面空气温度上升的原因，但大部分的科学家认为，是人类活动造成了气温的升高，尤其是燃烧汽油，在全球气温升高中扮演了重要的角色。

有学者利用卫星数据地图来追踪格陵兰冰川的运动情况，他们发现，那里的冰川正在缓慢地融化，流向海洋，有些成为海上的零星小浮冰。他们计算认为，格陵兰每年融化的冰川水量抬高全球的海平面 0.05～0.25 厘米。自从 1996 年以来，格陵兰东南部的冰川开始加速融化；从 2000 年开始，北部格陵兰的冰川也开始加速融化。学者们认为，未来冰川融化的速度还将加快。

一个世纪内北冰洋冰盖消失

美国国家冰雪数据中心发布的报告显示，目前北冰洋的冰雪融化已经到了很严重的地步，照此下去，预计一个世纪以内北冰洋的冰盖将彻底消失，冰面将不复存在。

1979 年至 2001 年，北极 9 月份的冰雪覆盖范围一直都以 6.5% 的速度萎缩，但是到了 2002 年，这个数字一下子蹿到了 7.3%，而现在这个数字接近 8%。专家们称，北冰洋冰盖的变化可能是全球变暖所致，他们担心这种下降的趋势达到一定程度后，冰盖将无法恢复。

北极冰雪面积随季节变化而变化。通常，北极冰盖从每年春末到 9 月持续缩小，而到秋冬季节又恢复到最大。但研究人员发现，2004 年至 2005 年的冬季，北极冰盖的恢复程度是近 20 多年中最小的。北冰洋上的冰盖面积，今年每个月份都创下了同期最低历史纪录。20 世纪 90 年代北极冰盖也出现缩小的趋势，那时科学家认为这可能是北极上空的气流将冰盖"吹"向南方所导致的。但 2002 年以来北极上空的气流已发生变化，而冰盖仍以平均每年 8.5% 的速度持续缩小，这使科学家们相信，冰盖缩小的根本原因是全球变暖。研究人员说，消失的北极冰盖中至少有一部分是不可弥补的。

阿尔卑斯山冰川将消失

奥地利科学家曾发出警告说，阿尔卑斯山上终年不化的冰川将在2050年完全消融，并给整个欧洲大陆带来难以估量的损失。这是全球变暖的又一最新例证。

科学家在有关全球气候变化的学术研讨会上表示，到2050年，绝大部分现存于阿尔卑斯山上的冰川将会完全消融，目前已有确凿证据显示，覆盖该地区的冰层正处于不断融化的状态中。

奥地利因斯布鲁克大学生态研究所的罗兰·普塞纳指出，位于奥地利西部地区的蒂罗尔州恰好处在阿尔卑斯山区，根据常年监测数据，那里的冰川正在以每年大约3%的幅度缩减。目前阿尔卑斯山冰川的平均厚度为30米。普塞纳说："我们确信，到2050年时，除了某些位于海拔4000米以上的冰川会得以幸存外，其他冰川都将不复存在。"

安第斯山脉的冰川将很快消失

法国和南美科学家警告说，热带安第斯山脉的小冰川可能会在15年后消失。这些冰川的消失和厄尔尼诺气候的频繁出现有关。

研究人员说，在玻利维亚和厄瓜多尔两处冰川上所做的试验表明，这些热带纬度上独一无二的奇观到2015年将完全融化。科学家在一份声明中说："在过去差不多10年左右的时间里，冰川萎缩的速度明显加快。如果冰川继续以同样的速度萎缩，它们最终消失的时间还要提前。"这些研究人员来自法国发展研究所、玻利维亚水力水文研究所和厄瓜多尔气象水文研究所。

他们的发现印证了由各国政府间气候变化专门委员会（IPCC）发布的警告。IPCC是为联合国提供咨询的最高级别的气候专家委员会。在IPCC这份报告中提到，由于全球变暖，20世纪60年代以来全球雪盖已减少了10%，非极地地区的冰川也出现大范围萎缩。然而，这项最新的研究结果将安第斯山脉的冰川面临的威胁明确地归因为更为频繁出现的厄尔尼诺气候。厄尔尼诺使得当地降水明显减少。

厄尔尼诺是太平洋大范围海温异常现象，南美沿岸出现异常暖海水，澳大利亚和新西兰出现异常冷海水。厄尔尼诺能引起世界范围内气候异常，在从亚洲到非洲之角的不同地区造成干旱、洪水、霜冻和森林火灾。厄尔尼诺每隔2~10年出现一次，平均每个周期长度为4.5年，但是在过去20年间，其发生频率明显加快。气候学家认为，厄尔尼诺发生频率加快的原因是全球变暖。全球变暖使得西太平洋出现大范围暖海水集积，从而破坏了原先的流型和降水型。

全球变暖这一术语被用来描述由于二氧化碳气体的排放导致的日益升高的大气温度。而二氧化碳气体的排放又主要是人类燃烧煤炭、石油、天然气引起的。二氧化碳和其他所谓的“温室气体”在大气低层阻止地表和大气的长波辐射向太空传输。

温室气体

温室气体指的是大气中能吸收地面反射的太阳辐射，并重新发射辐射的一些气体，如水蒸气、二氧化碳、大部分制冷剂等。它们的作用是使地球表面变得更暖，类似于温室截留太阳辐射，并加热温室内空气的作用。这种温室气体使地球变得更温暖的影响称为“温室效应”。水汽（H_2O）、二氧化碳（CO_2）、氧化亚氮（N_2O）、甲烷（CH_4）和臭氧（O_3）是地球大气中主要的温室气体。

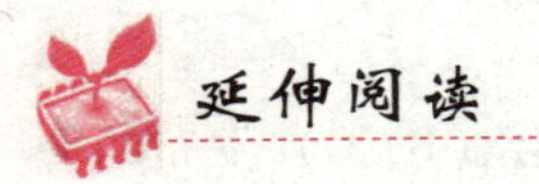

坏脾气“婴儿”——厄尔尼诺

厄尔尼诺在西班牙语里原本是“圣婴”的意思。厄尔尼诺与拉尼娜（异常寒冷的寒流被称为“拉尼娜”）经常交替出现，但厄尔尼诺的影响程度和威力较拉尼娜要大，影响范围也较广。

19 世纪初，在南美洲的厄瓜多尔、秘鲁等西班牙语系国家的渔民们发现，每隔几年，从 10 月至第二年的 3 月便会出现一股沿海岸南移的暖流，使表层海水温度明显升高。这股暖流一出现，性喜冷水的鱼类就会大量死亡，使渔民们遭受灭顶之灾。在科学上此词语用于表示在秘鲁和厄瓜多尔附近几千千米的东太平洋海面温度的异常增暖现象。

中国地域辽阔，横跨热带、亚热带、温带和寒带四个温区，而且又地处太平洋西岸，因此厄尔尼诺现象也不可避免地影响到中国的气候。分析表明，盛产于中国黄海和渤海的对虾产量与厄尔尼诺现象密切相关。每当发生厄尔尼诺现象时，对虾的产量就明显下降，平均下降幅度为 30%。发生强厄尔尼诺现象时，产量的下降就更为显著，平均下降幅度达 70% 之多。在最强的厄尔尼诺年 1982 年，对虾产量只有高产年份（1956 年和 1979 年）的 1/7。

厄尔尼诺现象的基本特征是太平洋沿岸的海面水温异常升高，海水水位上涨，并形成一股暖流向南流动。它使原属冷水域的太平洋东部水域变成暖水域，结果引起海啸和暴风骤雨，造成一些地区干旱，另一些地区又降雨过多的异常气候现象。

1976 年至 1997 年的 20 年来，厄尔尼诺现象分别在 1976—1977 年、1982—1983 年、1986—1987 年、1991—1993 年和 1994—1995 年出现过 5 次。1982—1983 年间出现的厄尔尼诺现象是 20 世纪以来最严重的一次，在全世界造成了大约 1500 人死亡和 80 亿美元的财产损失。进入 90 年代以后，随着全球变暖，厄尔尼诺现象出现得越来越频繁。

预测二：珊瑚礁走向灭亡

身处日渐污浊空气中，人们也许并没有太多留意，但对海洋环境极为敏感的珊瑚礁已经对此产生了反应。英国海洋科学家称，酸化对海洋生物，尤其是外壳或骨骼含钙的生物将造成“严重威胁”；地球大气中的二氧化碳平均浓度很可能比工业化时代前增长一倍，适宜众多生物繁衍的珊瑚礁届时可能比现在减少 30%。专门从事珊瑚礁与海洋酸碱度关系研究的美国卡内基研究所地球生态学部斯尔弗曼博士称，与工业化之前的水平相比，珊瑚如今已经放慢了它们形成骨骼的速度。当二氧化碳浓度达到56ppm时，所有的珊瑚礁将停止生长并开始溶解。他说，这是一个很明显的逻辑关系，海洋酸化就意味着珊瑚礁的灭亡。

美国斯坦福大学伍德环境研究所教授斯蒂芬·帕鲁比说，尽管人类在这个星球上的所作所为十分空前，但我们还是很难设想，这些存活了2.5亿年的珊瑚寿命可能只剩下几十年。随着海洋酸化进一步加重，海洋中通过光合作用分解二氧化碳的一种钙质超微型浮游生物——颗石藻类的生长也将受阻，此时海洋酸化将开始进入恶性循环，气候变化与海洋酸化相互影响，愈演愈烈。英国邓迪大学约翰·雷文称，海洋酸化到此时已无法有效逆转，要再回归到工业化时代前的状态，只有通过数千年的自然演化。

而与海洋酸化相比，日益上升的气温则是一个更为直接的威胁。珊瑚尤其是热带珊瑚适应气候能力较弱，极易受到海水表面高温的伤害。当海水出现高温时，寄居在珊瑚上的生物就会大量离开，成片的彩色珊瑚因此会变得像枯骨一样惨白，而后很快死去，这种现象被称为珊瑚的“漂白”或“白色瘟疫”。

一旦大气中二氧化碳的浓度达到45ppm，海洋的温度将很有可能触发更为广泛的漂白作用，而与此同时，增加的酸度又将进一步导致其他健康珊瑚生长速度放慢。而如果珊瑚大量减少或完全灭绝，所带来的一个连锁反应将是靠吃浮游生物和有壳水生动物为生的鱼类数量减少甚至消失。假如鱼类消失，海洋里会充斥着水母等生物，而水母又可能吃掉其他种类的浮游生物……海洋的生物结构将被完全改变。

珊瑚礁

珊瑚礁是石珊瑚目的动物形成的一种结构。这个结构可以大到影响其周围环境的物理和生态条件。在深海和浅海中均有珊瑚礁存在，它们是成千上万的由碳酸钙组成的珊瑚虫的骨骼在数百年至数千年的生长过程中形成的。珊瑚礁为许多动植物提供了生活环境，其中包括蠕虫、软体动物、海绵、棘皮动物和甲壳动物。此外，珊瑚礁还是大洋带的鱼类的幼鱼生长地。

延伸阅读

世界上最大的珊瑚礁群——大堡礁

大堡礁是世界上最大、最长的珊瑚礁群，是世界七大自然景观之一，也是澳大利亚人最引以为自豪的天然景观。又称为“透明清澈的海中野生王国”。

大堡礁位于南半球，它纵贯于澳大利亚的东北沿海，北从托雷斯海峡，南到南回归线以南，绵延伸展共有2011千米，最宽处161千米，有2900个大小珊瑚礁岛，自然景观非常特殊。大堡礁的南端离海岸最远有241千米，北端较靠近，最近处离海岸仅16千米。在落潮时，部分珊瑚礁露出水面形成珊瑚岛。在礁群与海岸之间是一条极方便的交通海路。风平浪静时，游船在此间通过，船下联绵不断的多彩、多形的珊瑚景色，就成为吸引世界各地游客来猎奇观赏的最佳海底奇观。

大堡礁形成于中新世时期，距今已有2500万年的历史。它的面积还在不断扩大。它是上次冰河时期后，海面上升到现在位置之后1万年来形成的。令人不可思议的是，营造如此庞大“工程”的“建筑师”，是直径只有几毫米的腔肠动物珊瑚虫。珊瑚虫体态玲珑，色泽美丽，只能生活在全年水温保持在22℃~28℃的水域，且水质必须洁净、透明度高。澳大利亚东北岸外大陆架海域正具备珊瑚虫繁衍生殖的理想条件。珊瑚虫以浮游生物为食，群体生活，能分泌出石灰质骨骼。老一代珊瑚虫死后留下遗骸，新一代继续发育繁衍，像树木抽枝发芽一样，向高处和两旁发展。如此年复一年，日积月累，珊瑚虫分泌的石灰质骨骼，连同藻类、贝壳等海洋生物残骸胶结在一起，堆积成一个个珊瑚礁体。

预测三：热带雨林不复存在

森林历来被人们称为“地球之肺”，其中，颇具神秘色彩的热带雨林无疑是这个巨大呼吸器官的重要组成部分。森林是世界动植物资源的宝库，是举世无双的自然博物馆。其中，最为著名的巴西亚马孙热带雨林是全球热带雨林的典型，它占据了地球上热带雨林总量的1/3，平均每0.01平方千米面积中所包含的植被总量超过整个欧洲各种植被数量的总和，几乎每种热带地区的动物和昆虫都能够在这里找到其代表……然而，令人遗憾的是，这种动植物大聚会的热闹场面已经很难持续下去，因为全球范围内的热带雨林正在快速消失，其连锁反应使这一热闹场面快速走向衰败。

尽管今天的人们还可能对许多环境问题观点不一、争论不休，但大家在一个问题上却出奇地一致，那就是从心底里发出的拯救快速消失的热带雨林的呼吁。一位美国科学家曾采用最新的数据模型分析系统，对世界上最大的热带雨林聚集地带——亚马孙热带雨林的近况进行了研究和实地考察，其结果令许多人感到十分震惊：以亚马孙雨林为代表的全球热带雨林的消失速度远远超出了人们的想象，人类对热带雨林的破坏程度从某种角度说，简直达到了触目惊心的地步。

根据美国宾西法尼亚大学的一位教授的统计，亚马孙热带雨林从现在开始，以每年1%的速度消失的话，大约10~15年的时间里就将达到“无法挽回局面”的悲惨境地。教授的模型进一步表明，巴西的热带雨林在40~50年内将会被完全破坏消失，这一速度已经远远超过人们原来预计的结果。许多人原来估计，该国整个热带雨林的消失应该在75~100年以后。

对于全社会而言，终止对热带雨林的破坏是一个很难解决的问题，数以百万计的人们居住在主要热带雨林区域，例如居住在巴西和刚果盆地的热带雨林以及东南亚热带雨林的人们，他们非常依赖雨林来维持自己的生活。“你不可能在许多人正生活在极端贫困中时，让他们远离这些热带雨林。”

热带雨林

热带雨林是地球上一种常见于约北纬10°、南纬10°之间热带地区的生物群系，主要分布于东南亚、澳大利亚、南美洲亚马孙河流域、非洲刚果河流域、中美洲、墨西哥和众多太平洋岛屿。热带雨林地区长年气候炎热，雨水充足，正常年雨量大约为1750~2000毫米，全年每月平均气温超过18℃，季节差异极不明显，生物群落演替速度极快，是地球上过半数动物、植物物种的栖息居所。由于现时有超过1/4的现代药物是由热带雨林植物所提炼，所以热带雨林也被称为“世界上最大的药房”。

延伸阅读

全球气候变暖可能导致85%亚马孙热带雨林毁灭

英国科学家通过研究证实，即便是二氧化碳排放问题得到有效控制，但由此引起的哪怕微小幅度的气温上升也会给亚马孙热带雨林带来毁灭性灾难。

这一结论是由英国气象局哈德利中心的数位权威气候专家通过计算机模拟实验得出的。根据他们的研究，即便气温上升的幅度非常小，亚马孙热带雨林中近1/3的树木也将消失。如果平均气温仅仅上升了2℃，亚马孙热带雨林中20%~40%的林木将在未来100年内消失。如果气温上升3℃，亚马孙热带雨林将有75%的部分消失。如果气温上升幅度达到4℃，那么85%的亚马孙热带雨林将不复存在。这是因为气温上升将导致森林蒸发活动加快，从而导致树木水量不足。而经过数十年的发展，这种情况最终会导致大量树木死亡。

参与此次研究的专家维基·波普表示：“气候变暖给亚马孙雨林带来的影响远远超过了预期。未来100年内，这种影响决不能被人们所忽视。”另一位专家克里斯·琼斯表示：“毫无疑问，气温每上升1℃都意味着一大片热带雨林的毁灭。”

在上述研究结果公布之前，仍有部分专家认为，在气温上升3℃之前，亚马孙热带雨林都不会因为气候变暖而遭受任何实质性影响。另一方面，一些专家认为，森林对于气候问题的反应相对缓慢，因此造成的实际影响难以察觉。

英国埃克塞特大学皮特·考克斯教授表示：“从生态学上说，这无疑是一场灾难。热带雨林是全球气候的调节器，亚马孙的毁灭将永久改变这一切。不知道未来会发生什么，但是毫无疑问，极端气候将不可避免地出现在我们面前。”

专家表示，当全球平均气温上升大约5℃时，整个气候系统结构将发生变化，这一变化会导致热带雨林年轻树木无法成熟。当老龄树木渐渐枯死时，造成的空缺便无法弥补。最终的结果就是，数百万公顷的热带雨林不复存在。而随着伐木量的增加，二氧化碳排放量的上升，这一恶性循环将不断加剧。

预测四：欧洲命运堪忧

据欧洲宇宙开发署正在实施的一项名为“沙漠巡视员”的计划显示，方圆30万平方千米的欧洲地中海沿岸地域，正处于“沙漠化”的危机状态。为此，西班牙环境部长曾发出警告，让全欧洲都来关注雨量减少和气温上升的长期化影响。瓦伦西亚大学沙漠化调查中心的鲁比奥主任也警告说，干旱带来的沙漠化，其主要成因之一就是土壤受干旱的影响过重、时间过久，很容易造成土壤的干裂沙尘化。不久的将来，沙丘地貌不仅只在意大利海岸地带的避暑胜地出现，而且整个欧洲沙漠化的态势也在亦步亦趋地蔓延。

气候的无情无序变化，将对生态系统、水资源、农业和旅游观光业等领域产生负面甚至是灾难性的影响。据各国政府间的公告显示，到本世纪末，全球降水量将平均减少15%。专家们预测，地球温暖化必然导致冰河的融化加快，冰川的水位自然升高，势必会给地中海沿岸国家带来灾难性的后患和影响。灾难发生，欧洲大陆将成为疟疾横行肆虐的“天堂”。

气候变动不仅使大陆受到影响，海洋也在劫难逃。据意大利技术能源环境部宣布，2003 年夏季，该国沿岸的海水温度上升了 3℃。历史上一直在苏伊士运河生息的一种海螺，近年来却在地中海沿岸水域兴旺繁殖起来，今年它又在意大利的渔市上成了人们广泛食用的海产品。之所以会出现这类匪夷所思的现象，很可能是因为这种海螺喜好地中海一带的炎热而不辞劳苦漂浮而来。

2009 年 7 月中旬，法国南部大部分地区气温高达 32℃ ~37℃，所有主要城市都发布了 3 级警报（4 级为紧急事态）。当地医院接到指示进入紧急状态，要求做好抢救病员的最佳准备。意大利政府将 2003 年夏季的死亡人数由原先的 8000 人修正为 2 万人。这样，整个欧洲 2 年前因热浪致死人数共有 4 万多。

沙漠化之所以会大踏步地向欧洲蔓延，其重要原因之一是土地和水资源的破坏。在西班牙，几座最大规模的城市正在变成最干燥的地域，沙漠化正在日复一日地向农田挺进，势态日趋严峻。30 年前，被称为“绿色粮仓”的阿尔梅里亚地域，如今竟有 270 平方千米黑油油的土地变成了细细的沙土，几乎看不到一丝绿意。现在，人们又在死去的沙土地上引进了一项更令人窒息的产业，即在寸草不生的沙土上大兴观光旅游业。这使那些支离破碎的田园土地处于更加岌岌可危的境地，其耕作寿命因人为破坏而更如风前之灯，憔悴得经不起一击。

降水量

降水量是指从天空降落到地面上的液态和固态（经融化后）降水，没有经过蒸发、渗透和流失而在水平面上积聚的深度。它的单位是毫米。用英文字母 p 表示。降水根据其不同的物理特征可分为液态降水和固态降水。液态降水有毛毛雨、雨、雷阵雨、冻雨、阵雨等，固态降水有雪、雹、霰等；还有液态固态混合型降水，如雨夹雪等。

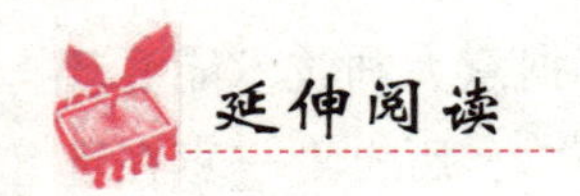

延伸阅读

沙漠里的奇怪现象

1. 沙漠里的海市蜃楼

在沙漠里，由于白天沙石被太阳晒得灼热，接近沙层的空气升高极快，形成下层热上层冷的温度分布，造成下部空气密度远比上层密度小的现象。这时前方景物的光线会由密度大的空气向密度小的空气折射，从而形成下现蜃景。远远望去，宛如水中倒影。在沙漠中长途跋涉的人，酷热干渴，看到下现蜃景，常会误认为已经到达清凉湖畔，但是，一阵风沙卷过，仍是一望无际的沙漠，这种景象只是一场幻景。

2. 碎石圈

碎石圈是一块大石头经过数百年热胀冷缩一次次碎裂和自然风化后，在地上形成了一片圆形的碎石圈，非常像人为排列的作品，实际上是自然形成的。

3. 鸣沙

在现在宁夏自治区中卫县靠黄河有一个地方名叫鸣沙山，即在今日沙坡头地方，中国科学院和铁道部等机关在此设有一个治沙站。站后面便是腾格里沙漠。沙漠在此处已紧逼黄河河岸，沙高约 100 米，沙坡面南座北，中呈凹形，有很多泉水涌出此沙向来是人们崇拜的对象，据说，每逢夏季端阳节，男男女女便在山上聚会，然后纷纷顺着山坡滑下来。这时候沙便发生轰隆的巨响，像打雷一样。据苏联专家彼得洛夫的解释，只要沙漠面部的沙子是细沙而干燥，含有大部分石英，被太阳晒得火热后，经风的吹拂或人马的走动，沙粒移动摩擦起来便会发出声音，这便是鸣沙。

古人说："见怪不怪，其怪自败。"沙漠里的一切"怪异"现象，其实都是可以用科学的道理来说明的。

预测五：美国文明沉入海底

由全球变暖引发的海平面上升将使美国若干地区消失在茫茫大海中，历史古迹也将不复存在……这不是科幻小说中描绘的场景，而是专家经论证得出的发人深省的结论。

美国多位顶尖科学家认为，气候变暖将使海平面在未来 100 年升高约 1 米，大片美国土地都将被海水吞噬。

这些地区包括美国的“诞生地”——弗吉尼亚州的詹姆斯敦殖民古镇，以及将第一个美国人送入太空的佛罗里达州发射台。此外，美国纽约的华尔街、加州硅谷、波士顿、迈阿密、新奥尔良等地也将会在百年之内面临“灭顶之灾”。

美国沿海城市

经过分析相关数据，美国亚利桑那州立大学的学者指出，全球气候变暖会加速冰川融化，导致大冰原消失和海洋暖水量扩大。该校地球学学院院长乔纳森·奥佛派克忧心忡忡地表示："海平面升高1米，全美48个地势较低的州都将受到影响，总共约6.5万平方千米的土地将因此而消失。"

更为悲观的观点认为，无须等到100年，海平面上涨1米将在50年内发生，更为可怕的是，人类对此却无能为力。一位气象学专家指出："无论各国采取何种措施，都无法阻挡海平面上升的趋势。我们只是不知道，这种可怕现象什么时候到来。"

加利福尼亚州气象物理学家本杰明·桑特说："作为一名科学家，我最担心海平面上涨。"还有一些专家指出，除此之外，气候变暖还会使暴风雨、飓风、暴风雪等恶劣天气的发生更加频繁，破坏力也更大。

有人呼吁，鉴于这一问题对人类生活有直接影响，应该在全世界范围内展开讨论，研究目前应该保护什么，以何种代价来保护。在近年召开的联合国大会上，气候变暖成为各国讨论的重要议题。

科学家估计，未来100年内，地球的海平面将上升1米，不但将重新勾勒美国的地貌，而且在气候、经济生产上也为美国民众带来前所未有的巨变。

全球水位上升的第一个影响，是沿岸地区将成为泽国。很多美国人引以为傲的地标，比如首个美国侨民聚居地——弗吉尼亚州的詹士敦、送首位航天员升空的佛罗里达州火箭发射基地，届时将全部成为汪洋。而华尔街、硅谷这两个美国新旧经济的命脉，以及多个大城市的机场和主要州际公路都会与水为伍。

有大学学者估计，美国本土将有2.5万平方英里，即相等于西弗吉尼亚州面积的土地被淹没，如果把夏威夷和阿拉斯加也计算在内的话，被淹没的土地更不止此数。估计在各州中，路易斯安那，佛罗里达，南、北卡罗莱纳和德州会损失最多土地，宾州和首都华盛顿也会受影响。

最令人沮丧的是，科学家已断言海平面上升1米已是无法改变的命运，问题只是何时出现而已。数十位专家对此有不同见解，时间从50年至150年不等。有学者预期，到其时将对美国人民生活和民众珍而重之的东西构成重大影响，更会引起应该保育和牺牲哪些历史遗产，以及应用多少资源保育遗产的全美大论战。专家估计，单是美国为了保护海岸沿线，就将投入数以十亿美元计的巨额资金。

美国加州罗伦斯利弗摩尔国家实验室的物理学家桑德说，海水上涨是他“作为科学家最关心的事情”。科学家认同这个问题对民生甚至经济活动都有严重影响，估计飓风、暴风雨等天灾的严重性将加剧。

此外，沿岸地区海水上升，不但会破坏加州等地的农业灌溉，甚至佛州还会出现海水污染食水系统的问题，酿成公共卫生的大患。

华尔街

华尔街是纽约市曼哈顿区南部从百老汇路延伸到东河的一条大街道的名字，全长不过540米，宽仅11米，是英文“墙街”的音译。街道狭窄而短，从百老汇到东河仅有7个街段。1792年荷兰殖民者为抵御英军侵犯而建筑一堵土墙，从东河一直筑到哈德逊河，后沿墙形成了一条街，因而得名Wall Street。后拆除了围墙，但“华尔街”的名字却保留了下来。然而，它却以“美国的金融中心”闻名于世。美国摩根财团、洛克菲勒石油大王和杜邦财团等开设的银行、保险、航运、铁路等公司的经理处集中在这里。著名的纽约证券交易所也在这里。

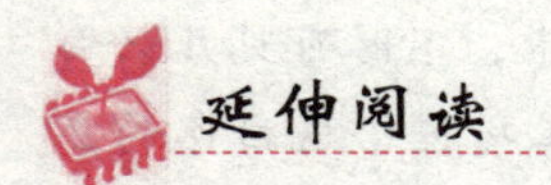

地球未来可能消失的美景

马尔代夫群岛

马尔代夫位于斯里兰卡南方650千米的海域里，由北向南经过赤道纵列，形成了一条长长的礁岛群地带。若能搭乘小飞机翱翔于群岛的南、北环礁，从空中俯瞰马尔代夫，您定会惊异非常，无际的海面上，星罗棋布着一个个如花环般的小岛，犹如天际抖落而下的一块块翠玉。小岛中央是绿色，四周是白色，而近岛的海水渐次是浅蓝色、水蓝、深邃的蓝，逐次渐层，印度洋有如一面蓝色的天鹅绒布，在蓝色天鹅绒布上，缀饰着一串串的翡翠、绿宝石。

澳大利亚大堡礁

大堡礁是世界上最大、最长的珊瑚礁区，是世界七大自然景观之一，也是澳大利亚人最引以为自豪的天然景观。又称为“透明清澈的海中野生王国”。这里景色迷人、险峻莫测，水流异常复杂，生存着400余种不同类型的珊瑚礁，其中有世界上最大的珊瑚礁，鱼类1500种，软体动物达4000余种，聚集的鸟类242种，有着得天独厚的科学研究条件，这里还是某些濒临灭绝的动物物种（如儒艮和巨型绿龟）的栖息地。

美国夏威夷群岛

夏威夷群岛是由124个小岛和8个大岛组成的新月形岛链，弯弯地镶嵌在太平洋中部水域，所以有“太平洋十字路口”和“美国通往亚太的门户”之称。它的陆地面积为16641平方千米，面积最大的是夏威夷岛，由5座火山组成，其中基拉维厄火山为世界活火山之最。冒纳罗亚火山每隔若干年喷发一次，炽烈的熔岩从山隙中缓缓流出，成为夏威夷的一大奇观。瓦胡岛是第三大岛，也是夏威夷政治、文化中心——首府檀香山所在地。夏威夷的闻名之地有：檀香山、威尔基海滩和珍珠港。

瑙　鲁

瑙鲁位于南太平洋中西部的密克罗尼亚西群岛中，是有“天堂岛”之称的最小的岛国。瑙鲁岛的中央有一火山湖，名为“布瓦达拉宫湖”，直径50米，湖周边椰林环绕，红瓦白墙的民居倒映在湖中，不时可见几只白色的小鸟在湖面上追逐嬉戏。布瓦达拉宫湖，恰似天工巧匠给这白色的岛屿镶上了一块缀有绿边的水晶般的明镜，为瑙鲁美丽的风光又平添绚丽的色彩。

预测六：冰河时代重现

长期以来，研究人员一直努力研究如何阻止或减缓世界气候变暖的步伐。近期，有关专家惊奇地发现，世界气候危机不是变暖，而将是又一轮冰河时代的到来，欧洲、亚洲和南美洲将受灾惨重。

英国和加拿大专家向世界发出警告称，未来1万年到10万年内，将迎来新一轮冰河时代到来，苏格兰、北爱尔兰和英格兰大部分区域将被900多米深的冰川所覆盖，而英国东部的大冰层将达到1800多米的厚度。从苏格兰东部阿伯丁郡到英国东部肯特郡的广阔区域，冰层厚度大都会达到1800多米，这要比英国最高的山本尼维斯山还要高。对此，专家认为导致这种极端严寒气候的再度来临，其原因是未来大气中具有温室效应的气体含量不足，如二氧化碳、甲烷等气体等。来自爱丁堡大学的地球学家托马斯·克劳利和加拿大籍同事威廉·海德表示，现在人们积极主张限制二氧化碳、甲烷等温室效应气体的排放量，但是，实际上，这些具有温室效应的气体对于阻止严寒具有极为重要的作用。

甲烷

甲烷（CH_4）是最简单的有机物，也是含碳量最小（含氢量最大）的烃。甲烷在自然界分布很广，是天然气、沼气、油田气及煤矿坑道气的主要成分。它可用作燃料及制造氢气、碳黑、一氧化碳、乙炔、氢氰酸及甲醛等物质的原料。

甲烷对人基本无毒，但浓度过高时，使空气中氧含量明显降低，可使人窒息。当空气中甲烷达25%～30%时，可引起头痛、头晕、乏力、注意力不集中、呼吸和心跳加速、共济失调。若不及时远离，可致窒息死亡。皮肤接触液化的甲烷，可致冻伤。

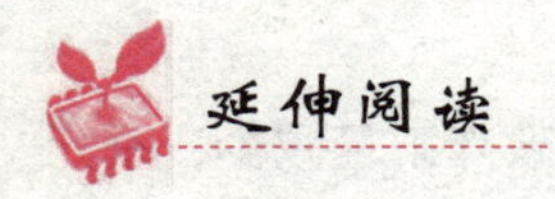

冰河时代

在近100万年的第四纪中，有过几次冰川期，在冰期之间又有过气候较暖的间冰期。冰期和间冰期的交替造成了地球上冰川的扩展和退缩，并对整个地理环境特别是生物界有极大的影响。

一般所说的冰河时代，主要是指第四纪大冰川的时代。因为它离我们最近，在地貌及沉积物等方面遗留下许多痕迹，使我们对它了解得比较详细。实际上在整个地球发展史中发生过好几次这样的大冰期，有时冰川的范围扩大到目前在赤道附近的北非、印度和澳大利亚。根据发展的观点来看，地球上今后还有可能发生大冰川的降临。

最近一次冰河时代结束于1万多年前，在那次冰河时代，冰川从两极一直向赤道地区延伸，在纽约这样纬度的地区，冰层竟也厚达1千米，那是个很寒冷的时代，我们人类的祖先就亲眼见证过这个时代。但是，在遥远的过去，在人类最古老的脊索动物祖先还没出现的时代，曾经有过一次持续时间更长、更为寒冷、也更为壮观的宏大的冰河时代，整个地球在那个时代都被冻结成一个巨大的雪球。对于这段历史的发现是在20世纪60年代由剑桥地质学家做出的，他们在研究7亿年前的岩石时发现它们都和冰有过接触，一些岩石上面有冰川的划痕，其他的则从冰山的底部落入洋底。而这些岩石来自世界各地，包括那些非常靠近赤道的地方，这很奇怪，因为很难想象在赤道的海平面地区居然也会出现冰。他虽然通过研究很快得出结论：地球在7.5亿年前到5.8亿年前有过大规模冰川运动，但是根据过去的经验，其他世代的冰川从来都不会遍及所有大陆，即使在最严重的冰期，赤道附近的大陆上也很难找到冰。

预测七：沙漠吞噬家园

气候变冷和构造活动变弱是沙漠化的主要原因，人类活动加速了沙漠化的进程。

地球轨道的逐渐演变使北半球变冷，季风变弱，导致降雨量减少，垂死植物减弱了蒸发作用，减少了降水的再循环，导致更多植物干枯死亡，苍翠的牧地退变为黄沙，居民被迫另择栖息之地。

人们为了获得更多的食物，不管气候、土地条件如何，随便开荒种地、

过度放牧；为了解决燃料问题，不管后果如何，肆意砍树割草。干旱和半干旱地区本来就缺水多风，现在土地被蹂躏、植被遭破坏，降水量更少了，风却更大更多了。大风强劲地侵蚀表土，沙子越来越多，慢慢地沙丘发育，这就使可耕牧的土地变成不宜放牧和耕种的沙漠化土地。

人类对自然环境的破坏也是沙漠化的重要原因。沙漠化最明显的地方之一，在撒哈拉沙漠南侧的撒黑尔。在此地的北部，以游牧或放牧的方式饲养着的羊和骆驼，把整个地区的植物都吃光了，导致土地光秃秃的。而较为湿阔的南部，则因家畜过度繁殖，再加上原本不过方寸小的耕地，经不起接连不断的耕作，整个地区逐渐变成不毛之地。

土地沙漠化

知识点

骆驼

骆驼是骆驼科骆驼属的动物，鼻孔能开闭，足有肉垫厚皮，适合在沙漠中行走，背有肉峰，内蓄脂肪，胃有三室，第一胃室有20～30个水脬，可以贮水，红细胞可以大幅膨胀吸水来贮水，所以耐饥渴，可以多日不吃不喝，一旦遇到水草，可以大量饮水贮存。骆驼的平均寿命可长达30～50年。成年骆驼到肩膀身高1.85米，到驼峰身高可达2.15米。一般骆驼的速度14.5千米/小时至16千米/小时。阿拉伯骆驼适应深深的沙土地和酷热的天气。它能驮运180千克重的货物每天走上64千米的路程，连续走4天；用于比赛的骆驼速度可达每小时13千米。

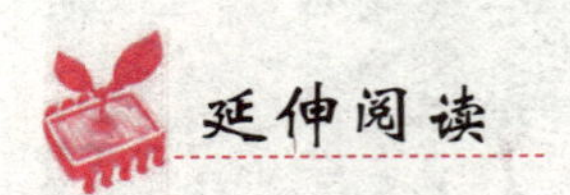

延伸阅读

我国的沙漠化现状

我国“三北”（即西北、华北、东北）地区沙化土地面积共约17.6万平方千米。其中，历史上早已形成的有12.5万平方千米，近100年来形成的有5.6万平方千米。此外，还有15.6万平方千米有发生沙化的危险。据初步统计，从20世纪50年代到70年代末，沙化土地平均每年扩展约1 500平方千米。近年来我国南方湿润地区，如鄱阳湖平原也出现了土地沙化现象。

目前，中国的荒漠化形势已非常严峻，荒漠化土地面积已占国土面积的27.3%，而在干旱、半干旱和亚湿润干旱地区，荒漠化土地所占比例已接近80%。特别是与人民群众生活直接相关的草地和耕地的退化状况已相当严重，草地退化率已达56.6%，耕地退化率也超过40%，与此同时，天然林和人工林也受到严重威胁，出现大面积退化以至衰亡，塔里木河下游长达180千米的“绿色走廊”由于河流水量剧减而濒临毁灭；阿拉善绿洲已缩小5.7万公顷，居延海已近干涸，民勤绿洲也在迅速衰退，以至有人预测，照此下去，到下个世纪民勤绿洲将不复存在。根据全国普查，20世纪70年代以来，我国沙化土地平均每年以460平方千米的速度扩展。